数控铣削（加工中心）编程与加工

金璐玫 编著

化学工业出版社

·北京·

内 容 简 介

本书以培养学生数控铣床/加工中心编程和操作技能为核心，以国家职业标准中、高级数控铣工/加工中心操作工的考核要求为基本依据，以工作过程为导向，以典型零件为载体项目化组织教学内容，详细介绍数控铣床/加工中心的加工工艺设计、程序编制、加工操作等内容。教材内容循序渐进，强调通俗易懂，由浅入深，符合学生心理和认知特征，以及技能养成规律。书中所选实例具有较强的实用性和代表性，所有实例均来自于企业或者实训工厂，读者可放心参考，仔细体会，以期达到举一反三的目的。

本书为辽宁轻工职业学院数控技术教师团队与通用技术集团大连机床有限公司多年合作成果。本书适合数控技术工作人员和数控加工初学者学习，也可作为企业培训和职业院校数控专业教材。

图书在版编目（CIP）数据

数控铣削（加工中心）编程与加工/金璐玫编著. —北京：化学工业出版社，2020.11（2024.2重印）
ISBN 978-7-122-37996-2

Ⅰ.①数… Ⅱ.①金… Ⅲ.①数控机床-铣床-程序设计-教材②数控机床-铣削-教材 Ⅳ.①TG547

中国版本图书馆 CIP 数据核字（2020）第 228681 号

责任编辑：王 烨 项 潋　　　　　　　　　　装帧设计：刘丽华
责任校对：王佳伟

出版发行：化学工业出版社（北京市东城区青年湖南街 13 号　邮政编码 100011）
印　　装：北京科印技术咨询服务有限公司数码印刷分部
787mm×1092mm　1/16　印张 13¾　字数 376 千字　2024 年 2 月北京第 1 版第 3 次印刷

购书咨询：010-64518888　　　　　　　　　　售后服务：010-64518899
网　　址：http://www.cip.com.cn
凡购买本书，如有缺损质量问题，本社销售中心负责调换。

定　　价：59.80 元

前言

随着科学技术的进步，现代机械产品日趋精密复杂，改型换代频繁，发展现代数控机床是当前机械制造业技术改造、技术更新的必由之路。数控技术是现代机械系统、机器人、FMS、CIMS、CAD/CAM等高新技术的基础，是采用计算机控制机械系统实现高度自动化的桥梁，是典型的机电一体化高新技术。目前，社会对数控技术应用人才的需求也越来越高，同时也对高等职业技术教育提出了新要求。

"数控铣削（加工中心）编程与加工"课程是高等职业院校数控技术及相关专业学生必修的一门专业课程，该课程为高职学生奠定必要的数控铣削加工工艺分析的理论基础，并对学生进行数控机床程序编制和加工调试的训练，为学生面向岗位就业奠定理论操作基础，并培养学生具备良好的职业素养。

本书遵循国家职业标准中对数控铣工/加工中心操作工的中级、高级职业技能要求；内容选择上突出实用性、综合性、先进性；渗透职业道德和职业意识教育，体现就业导向，兼顾就业岗位迁徙的知识迁移性；培养学生爱岗敬业、团队精神和创业精神。教材内容循序渐进，强调通俗易懂，由浅入深，符合学生心理和认知特征，以及技能养成规律。书中所选实例具有较强的实用性和代表性，所有实例均来自于企业或者实训工厂，读者可放心参考，仔细体会，以期达到举一反三、触类旁通的目的。通过本书的学习，读者可掌握较完整的数控铣床/加工中心工艺分析的理论基础和程序编制的知识，并具备对各类数控铣床/加工中心进行程序编制和加工调试的能力，从而更好地适应现代制造业发展的需求。

本书以培养学生数控铣床/加工中心编程和操作技能为核心，以国家职业标准中、高级数控铣工/加工中心操作工的考核要求为基本依据，以工作过程为导向，以典型零件为载体项目化组织教学内容，详细介绍数控铣床/加工中心的加工工艺设计、程序编制、加工操作等内容。华中数控系统和广州数控系统等国内数控系统的程序和操作与FANUC数控系统基本一致，所以本书以普及性最广的FANUC 0i数控系统为主展开教学内容。

本书由辽宁轻工职业学院金璐玫编著，编写过程中得到了辽宁轻工职业学院孙洪全、王毅、商杰辉，通用技术集团大连机床有限公司高级技师段广游的大力协助，在此深表感谢。本书为校企多年合作成果，由企业提供技术领域标准，以及标准化、个性化的课程体系实施方案，教学案例和实训指导。校企双方从岗位需求、岗位工作流程反推教学内容、编写形式等。为编写好本教材，编者团队认真研究国家人力资源和社会保障部最新制定的国家职业标准中对数控铣工/加工中心操作工的中级工、高级工的职业技能要求，借鉴同类院校的教学、教改经验和实践经验，广泛汲取专业教师的意见、建议。但鉴于编者水平有限，书中难免有错误与不妥之处，敬请读者批评指正。

编著者

目录

项目一

初识数控铣削/加工中心

 学习目标

- 了解数控铣床/加工中心的结构和分类；
- 了解数控铣床/加工中心的功能和加工方法；
- 掌握常用铣削刀具、孔加工工具的使用方法；
- 掌握常用数控铣床/加工中心用夹具。
- 掌握数控铣床对刀点和换刀点的选择方法；
- 了解常用数控铣床/加工中心的对刀工具；
- 掌握数控铣床/加工中心对刀的方法。

工作任务 <<<

① 按照要求，执行开机、回零、MDI 方式下的主轴正转等操作，注意观察显示器显示信息和指示灯状态。

② 手动方式下，分别按三个坐标轴的正负方向键移动工作台和主轴，并尝试改变进给倍率、主轴倍率、快速倍率，观察工作台移动状态。手摇方式下，分别顺时针和逆时针旋转手动脉冲发生器，并尝试改变坐标轴和手摇倍率，观察机床工作台和主轴的移动状态。

③ 在编辑方式下，录入表 1-1 给定的程序，并对程序进行编辑修改。

表 1-1　程序

O0001;	N40 G01 Z-2 F100;
N10 G90 G54 G00 X0 Y0 Z100;	N50 X20 Y18;
N20 M03 S800;	N60 Y42;
N30 Z10;	N70 G02 X28 Y50 R8;

续表

N80 G01 X72;	N130 X20 Y18 R8;
N90 G02 X80 Y42 R8;	N140 X0 Y0;
N100 Y18;	N150 G00 Z100;
N110 G02 X72 Y10 R8;	N160 M05;
N120 X28;	N170 M30;

④ 在自动方式下，按下机床锁住和空运行按钮，显示器切换到图形模拟画面，按下循环气动按钮运行程序，观察模拟轨迹。模拟完成后，解除机床锁住和空运行功能，并执行回零操作。

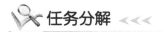 任务分解 ‹‹‹

任务一　数控铣床/加工中心概述

一、数控铣床/加工中心分类

① 按主轴在空间所处的状态，分为立式铣床/加工中心（见图 1-1）和卧式铣床/加工中心（见图 1-2）。

图 1-1　立式铣床/加工中心　　　　　图 1-2　卧式铣床/加工中心

立式铣床/加工中心的主要特征是铣床主轴轴线与工作台台面垂直。因主轴按竖立方式布置，所以称为立式。

铣削时，铣刀安装在与主轴相连接的刀轴上，随主轴做旋转运动，被切削零件装夹在工作台上，对铣刀做相对运动完成铣削。立式铣床/加工中心加工范围很广，通常在立铣上可以应用端铣刀、立铣刀、特形铣刀等，可铣削各种沟槽和外表面。另外，利用机床附件，如回转工作台、分度头，还可以加工圆弧、曲线外形、齿轮、螺旋槽、离合器零件等较复杂的零件。当生产批量较大时，在立式铣床上采用硬质合金刀具进行高速铣削，可以大大提高生产效率。

卧式铣床/加工中心主要特征是铣床主轴轴线与工作台台面平行。因主轴按横卧方式布置，所以称为卧式。

铣削时，将铣刀安装在与主轴相连接的刀轴上，铣刀随主轴做旋转运动，被加工零件安装在工作台台面上与铣刀做相对进给运动，从而完成切削工作。

卧式铣床/加工中心可以加工沟槽、平面、特形面、螺旋槽等。卧式万能铣床还带有较多附件，应用范围广泛。

② 按铣床/加工中心立柱的数量，分为单柱式和双柱式（龙门式）。

龙门铣床（见图1-3）是无升降台铣床的一种类型，属于大型铣床。铣削动力安装在龙门导轨上，可做横向和升降运动；工作台安装在固定床身上，仅做纵向移动。龙门铣床根据铣削动力头的数量分别有单轴、双轴、四轴等多种形式。

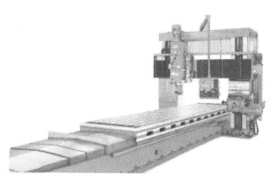

图1-3 龙门铣床

龙门铣床铣削时，若同时安装多把铣刀，可铣削零件的几个表面，工作效率高，适宜加工大型箱体类零件表面，如机床床身表面等。

③ 按加工中心运动坐标数和同时控制的坐标数，分为三轴二联动、三轴三联动、四轴三联动、五轴四联动、六轴五联动等。三轴、四轴是指加工中心具有的运动坐标数，联动是指控制系统可以同时控制运动的坐标数，从而实现刀具相对工件的位置和速度控制。

④ 按工作台的数量和功能，分为单工作台加工中心、双工作台加工中心和多工作台加工中心。

⑤ 按加工精度，分为普通加工中心和高精度加工中心。普通加工中心，分辨率为 $1\mu m$，最大进给速度 $15 \sim 25 m/min$，定位精度 $10\mu m$ 左右。高精度加工中心，分辨率为 $0.1\mu m$，最大进给速度为 $15 \sim 100 m/min$，定位精度为 $2\mu m$ 左右。介于 $2 \sim 10\mu m$ 之间的，以 $\pm 5\mu m$ 较多，可称精密级。

二、数控铣床与加工中心的组成

数控铣床是在一般铣床的基础上发展起来的，其结构与普通铣床有些相似，但也有很大区别。一般由主轴部件、数控系统、主轴传动系统、进给伺服系统、冷却润滑系统几大部分组成。加工中心在此基础上，还有自动换刀装置。立式加工中心结构如图1-4所示。

（1）主轴部件

由主轴箱、主轴电动机、主轴和主轴轴承等组成。主轴的启动、停止等动作和转速均由数控系统控制。刀具装在主轴上，对工件进行切削。主轴部件是切削加工的功率输出部件，是加工中心的关键部件，其结构的好坏，对加工中心的性能有很大的影响。

（2）进给伺服系统

进给伺服系统由进给电动机、进给执

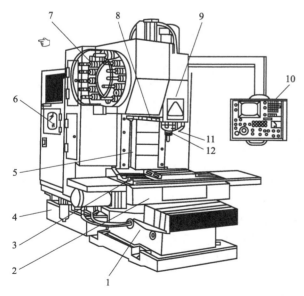

图1-4 立式加工中心结构

1—床身；2—滑座；3—工作台；4—润滑油箱；5—立柱；
6—数控柜；7—刀库；8—机械手；9—主轴箱；
10—操纵面板；11—控制柜；12—主轴

行机构组成，按照程序设定的进给速度实现刀具和工件之间的相对运动，包括直线进给运动和旋转运动。

（3）数控系统

数控系统由 CNC 装置、可编程序控制器、伺服驱动装置以及电动机等部分组成，是加工中心执行顺序控制动作和控制加工过程的中心。

（4）辅助装置

辅助装置包括液压、气动、润滑、冷却系统，以及排屑和防护等装置。

（5）机床基础件

机床基础件由床身、立柱和工作台等大件组成，是加工中心结构中的基础部件。这些大件有铸铁件，也有焊接的钢结构件。机床基础件要承受加工中心的静载荷以及在加工时的切削负载，因此必须具备更高的静动刚度，它们也是加工中心中质量和体积最大的部件。

（6）自动换刀装置（ATC）

加工中心与一般数控铣床的显著区别是具有对零件进行多工序加工的能力，有一套自动换刀装置。

自动换刀装置应能满足以下要求：换刀时间短；刀具重复定位精度高；识刀、选刀可靠，换刀动作简单。

三、加工中心的刀库形式

加工中心具有多种多样的自动换刀装置形式。除利用刀库进行换刀外，还有自动更换主轴箱、自动更换刀库等形式。其中利用刀库实现换刀，是目前加工中心较多使用的换刀方式。由于有了刀库，机床只要一个固定主轴夹持刀具，有利于提高主轴刚度。独立的刀库，大大增加了刀具的储存数量，有利于扩大机床的功能，并能较好地隔离各种影响加工精度的因素。

由于加工中心上自动换刀次数比较频繁，故对自动换刀装置的技术要求十分严格。

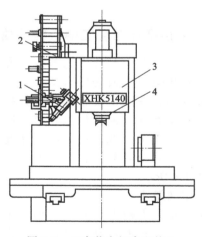

图 1-5   刀库装在机床立柱上
1—机械手；2—刀库；3—主轴箱；4—主轴

带刀库的自动换刀系统的换刀装置由刀库、选刀机构、刀具交换机构及刀具在主轴上的自动装卸机构四部分组成。刀库可装在机床的立柱上（见图 2-16）、主轴箱上或工作台上。当刀库容量大及刀具较重时，也可装在机床之外，作为一个独立部件；如刀库远离主轴，常常要附加运输装置，来完成刀库与主轴之间刀具的运输。

带刀库的自动换刀系统换刀过程比较复杂，首先把加工过程中要用的全部刀具分别安装在标准的刀柄上，在机外进行尺寸预调整后，再插入刀库中。换刀时，根据选刀指令先在刀库中选刀，由刀具交换装置从刀库和主轴上取出刀具，进行刀具交换，然后将新刀具装入主轴，同时将用过的刀具放回刀库。这种换刀装置和转塔主轴头相比，由于机床主轴箱内只有一根主轴，在结构上可以增强主轴的刚性，有利于精密加工和重切削加工；可采用大容量的刀库，以实现复杂零件的多工序加工，从而提高机床的适应性和加工效率。但换刀过程的动作较多，同时，影响换刀工作可靠性的因素也较多。

加工中心的刀库是用来储存加工刀具及辅助工具的，是自动换刀装置中最主要的部件之一。由于多数加工中心的取送刀具位置都是在刀库中某一固定刀位，因此刀库还需要有使刀具运动的机构。刀库中刀具的定位机构用以保证要更换的每一把刀具或刀套都能准确地停在换刀位置上。一般采用电动机或液压系统为刀库转动提供动力。

根据刀库所需要的容量和取刀的方式，可以将刀库设计成多种形式。加工中心刀库的形式很多，结构也各不相同，最常用的有鼓盘式刀库、链式刀库和格子盒式刀库。

1. 鼓盘式刀库

鼓盘式刀库结构紧凑、简单，在钻削中心上应用较多。一般存放刀具不超过 32 支。在鼓盘式刀库中，刀具可以沿着轴向、径向、斜向放置，轴向安装最为紧凑。但为了换刀时刀具与主轴同向，有的刀库中的刀具需在换刀位置作 90°翻转。在刀库容量较大时，为在存取方便的同时保持结构紧凑，可采取弹仓式结构，目前大量的刀库安装在机床立柱的顶面或侧面。在刀库容量较大时，也有安装在单独的地基上，以隔离刀库转动造成的振动。

鼓盘式刀库的刀具轴线与鼓盘轴线平行时，刀具环形排列，分径向、轴向两种取刀方式，其刀座结构不同。图 1-6(a) 为径向取刀形式，图 1-6(b) 为轴向取刀形式。这种鼓盘式刀库结构简单，应用较多，适用于刀库容量较小的情况。为增加刀库空间利用率，可采用双环或多环排列刀具的形式。但鼓直径增大，转动惯量就增加，选刀时间也较长。

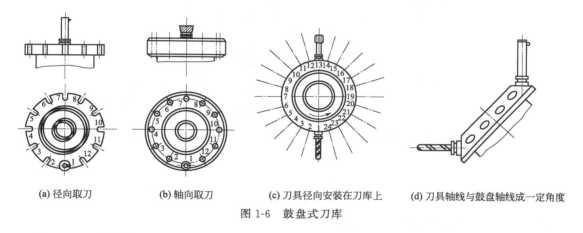

(a) 径向取刀　　(b) 轴向取刀　　(c) 刀具径向安装在刀库上　　(d) 刀具轴线与鼓盘轴线成一定角度

图 1-6　鼓盘式刀库

图 1-6(c) 所示为刀具径向安装在刀库上的结构，图 1-6(d) 所示为刀具轴线与鼓盘轴线成一定角度布置的结构。

2. 链式刀库

在环形链条上装有许多刀座，刀座的孔中装夹各种刀具，链条由链轮驱动。链式刀库通常刀具容量比盘式的要大，结构也比较灵活和紧凑，链式刀库适用于刀库容量较大的场合，常为轴向换刀。链环可根据机床的布局配置成各种形状，也可将换刀位置刀座凸出以利于换刀。链式刀库有单环链式和多环链式等几种，如图 1-7(a)、(b) 所示。当链条较长时，可以增加支承链轮的数目，使链条折叠回绕，提高空间利用率，如图 1-7(c) 所示。

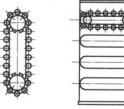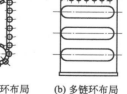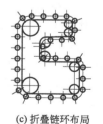

(a) 单链环布局　　(b) 多链环布局　　(c) 折叠链环布局

图 1-7　链式刀库

3. 格子盒式刀库

(1) 固定型格子盒式刀库　图 1-8 所示为固定型格子盒式刀库。刀具分几排直线排列，由纵横向移动的取刀机械手完成选刀运动，将选取的刀具送到固定的换刀位置刀座上，由换刀机械手交换刀具。由于刀具排列密集，空间利用率高，刀库容量大。

(2) 非固定型格子盒式刀库　图 1-9 所示为非固定型格子盒式刀库。可换主轴箱的加工中心刀库由多个刀匣组成，可直线运动，刀匣可以从刀库中垂直提出。

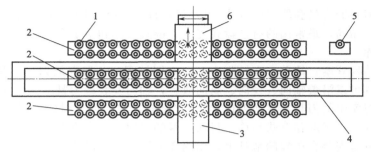

图 1-8   固定型格子盒式刀库

1—刀座；2—刀具固定板架；3—取刀机械手横向导轨；4—取刀机械手纵向导轨；5—换刀位置刀座；6—换刀机械手

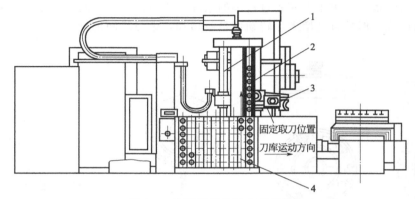

图 1-9   非固定型格子盒式刀库

1—导向柱；2—刀匣提升机构；3—机械手；4—格子盒式刀库

四、加工中心的刀库换刀方式

刀库换刀按换刀过程中有无机械手参与分为机械手换刀和无机械手换刀两种情况。有机械手的系统在刀库配置、与主轴的相对位置及刀具数量上都比较灵活，换刀时间短。无机械手方式结构简单，只是换刀时间较长。

1. 无机械手换刀

无机械手交换刀具方式是利用刀库与机床主轴的相对运动来实现刀具交换，要么刀具库直接移到主轴位置，要么主轴直接移至刀具库。该换刀方式结构简单、紧凑，成本低，换刀的可靠性较高。由于交换刀具时机床不工作，所以不会影响加工精度，但会影响机床的生产率。其次受刀库尺寸限制，装刀数量不能太多。这种换刀方式常用于小型加工中心。

XH754 型卧式加工中心就是采用这种换刀方式。图 1-10 所示为 XH754 型卧式加工中心换刀过程。

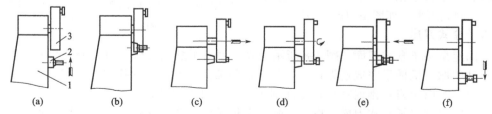

图 1-10   XH754 型卧式加工中心换刀过程

1—立柱；2—主轴箱；3—刀库

具体过程如表 1-2 所示。

表 1-2 无机械手加工中心的换刀过程

对应图号	动作内容
图 1-10(a)	主轴准停,主轴箱沿 Y 轴上升,装夹刀具的卡爪打开
图 1-10(b)	刀具定位卡爪钳住,主轴内刀杆自动夹紧装置放松刀具
图 1-10(c)	刀库伸出,从主轴锥孔中将刀拔出
图 1-10(d)	刀库转位,选好的刀具转到最下面位置;压缩空气将主轴锥孔吹净
图 1-10(e)	刀库退回,同时将新刀插入主轴锥孔;刀具夹紧装置将刀杆拉紧
图 1-10(f)	主轴下降到加工位置后起动,开始下一工步的加工

无机械手换刀方式中,刀库夹爪既起着刀套的作用,又起着手爪的作用。图 1-11 所示为无机械手换刀方式的刀库夹爪图。

2. 机械手换刀

采用机械手进行刀具交换方式在加工中心中应用最为广泛。机械手的作用是当主轴上的刀具完成一个工步后,把这一工步的刀具送回刀库,并把下一工步所需要的刀具从刀库中取出来装入主轴继续进行加工。机械手换刀迅速可靠,准确协调。

不同的加工中心的刀库与主轴的相对位置不同,各种加工中心所使用的换刀机械手的结构形式也是多种多样的,因此换刀运动也有所不同。下面以 TH65100 卧式镗铣加工中心为例说明采用机械手换刀的工作原理。

该机床采用的是链式刀库,位于机床立柱左侧。由于刀库中存放刀具的轴线与主轴的轴线垂直,故而机械手需要有三个自由度。机械手沿主轴轴线的插拔刀动作由液压缸来实现;90°的摆动送刀运动及 180°的换刀动作分别由液压马达实现。其换刀分解动作如图 1-12 所示。

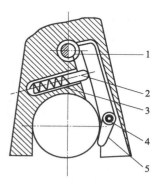

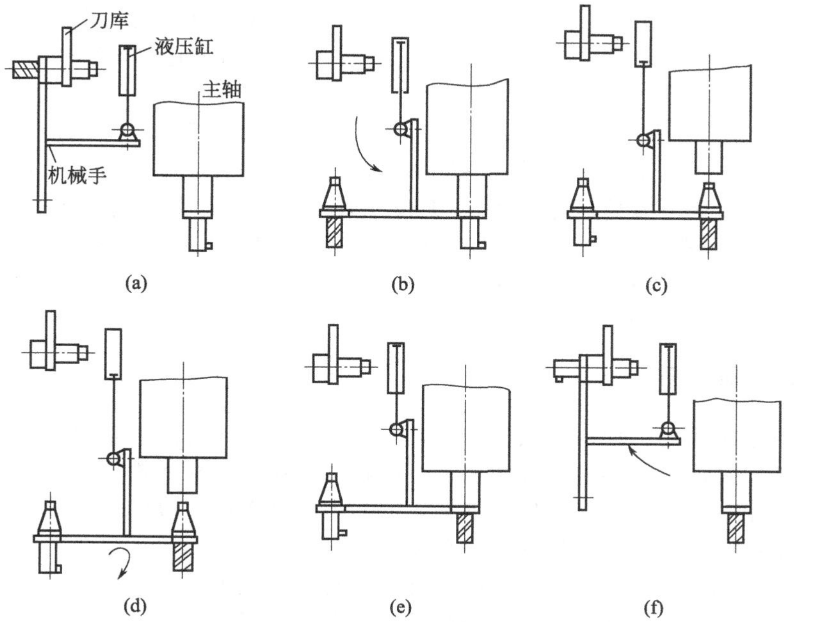

图 1-11 刀库夹爪

1—锁销;2—顶销;3—弹簧;
4—支点轴;5—手爪

图 1-12 换刀分解动作示意图

具体过程如表 1-3 所示。

表 1-3　换刀分解动作

对应图号	动作内容
图 1-12(a)	抓刀爪伸出抓住刀库上的待换刀具，刀库刀座上的锁板拉开
图 1-12(b)	机械手带着待换刀具逆时针方向转 90°，另一抓刀爪抓住主轴上的刀具，主轴将刀杆松开
图 1-12(c)	机械手前移，将刀具从主轴锥孔内拔出
图 1-12(d)	机械手后退，将新刀具装入主轴，主轴将刀具锁住
图 1-12(e)	抓刀爪缩回，松开主轴上的刀具；机械手顺时针转 90°，将刀具放回刀库的相应刀座上，刀库上的锁板合上
图 1-12(f)	抓刀爪缩回，松开刀库上的刀具，恢复到原始位置

VP1050 换刀机械手如图 1-13 所示。这是一种带刀套的机械手换刀。套筒 1 由汽缸带动做垂直方向运动，实现对刀库中刀具的抓刀，滑座 2 由汽缸作用在两条圆柱导轨上水平移动，用于将刀库刀夹上的刀具（或换刀臂上的刀具）移到换刀臂上（或移到刀库刀夹上）。换刀臂可以上升、下降及 180°旋转实现主轴换刀。换刀臂的上下运动由汽缸实现，回转运动由齿轮齿条机构实现。换刀过程如下。

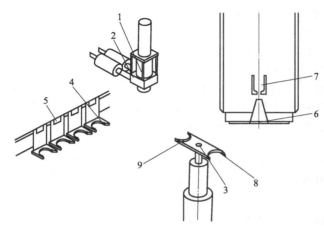

图 1-13　VP1050 换刀机械手
1—套筒；2—滑座；3—换刀臂；4—弹簧刀夹；
5—刀号；6—主轴；7—主轴抓刀爪；
8—换刀臂外侧爪；9—换刀臂内侧爪

① 取刀　套筒 1 下降（套进刀把）→滑座 2 前移至换刀臂（将刀具从刀库中移到换刀臂）→换刀臂 3 刀号更新（换刀臂的刀号登记为刀链的刀号，此过程在数控系统内部由 PLC 程序完成，用于刀库的自动管理）→套筒 1 上升（套筒脱离刀把）→滑座 2 移进刀库（恢复初始预备状态）。

② 换刀　主轴 6 运动至还（换）刀参考点（运动顺序为先 Z 轴，后 X 轴，将刀柄送入换刀臂外侧爪）→主轴抓刀爪 7 松开→换刀臂 3 下降（从主轴上取下刀具）→换刀臂 3 旋转（刀具转至刀库侧）→换刀臂 3 上升（换刀臂刀爪与刀库刀爪对齐）→滑座 2 前移（套筒 1 对正刀柄）→套筒 1 下降（套进刀柄）→滑座 2 移进刀库（刀具从换刀臂移进刀库）→换刀臂 3 刀号设置为 0（换刀臂刀号为空白，由数控系统 PLC 完成）→套筒上升（脱离刀把）→换刀完成。

五、数控铣削对象

铣削是被广泛应用的一种切削加工方法，是在铣床上利用铣刀的旋转（主运动）和零件的移动（进给运动）来加工零件的。铣削加工可以在卧式铣床、立式铣床、龙门铣床、工具铣床以及各种专用铣床上进行，对于单件小批量生产的中小型零件，以卧式铣床和立式铣床最为常用。在切削加工中，铣床的工作量仅次于车床。

铣削加工的范围比较广泛，可以加工平面、台阶面、沟槽和成形面等，如图 1-14 所示。此外，还可以进行孔加工和分度工作。铣削后平面的尺寸公差等级可达 IT9~IT6，表面粗糙

度 Ra 可达 $3.2\sim1.6\mu m$。

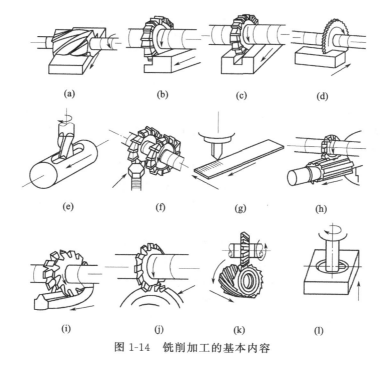

图 1-14　铣削加工的基本内容

数控铣削主要适合于下列几类零件的加工。

1. 平面类零件

平面类零件是指加工面平行或垂直于水平面，以及加工面与水平面的夹角为一定值的零件，这类加工面可展开为平面。

如图 1-15 所示，三个零件均为平面类零件。其中，曲线轮廓面 A 垂直于水平面，可采用圆柱立铣刀加工。凸台侧面 B 与水平面成一定角度，这类加工面可以采用专用的角度成形铣刀来加工。对于斜面 C，当零件尺寸不大时，可用斜板垫平后加工；当零件尺寸很大，斜面坡度又较小时，也常用行切加工法加工，这时会在加工面上留下进刀时的刀锋残留痕迹，最后可钳工修理清除。

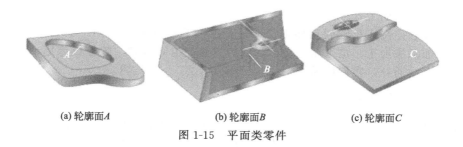

(a) 轮廓面 A　　　　　　(b) 轮廓面 B　　　　　　(c) 轮廓面 C

图 1-15　平面类零件

2. 直纹曲面类零件

直纹曲面类零件是指由直线依某种规律移动所产生的曲面类零件。如图 1-16 所示，零件的加工面就是一种直纹曲面，当直纹曲面从截面 A 至截面 B 变化时，其与水平面间的夹角从 $3°10'$ 均匀变化为 $2°32'$，从截面 B 到截面 C 时，又均匀变化为 $1°20'$，最后到截面 D，斜角均匀变化为 $0°$。直纹曲面类零件的加工面不能展开为平面。

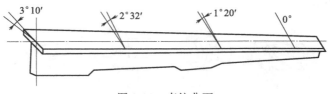

图 1-16　直纹曲面

　　当采用四坐标或五坐标数控铣床加工直纹曲面类零件时，加工面与铣刀圆周接触的瞬间为一条直线。这类零件也可在三坐标数控铣床上采用行切加工法实现近似加工。

3. 立体曲面类零件

　　加工面为空间曲面的零件称为立体曲面类零件。这类零件的加工面不能展成平面，一般使用球头铣刀切削，加工面与铣刀始终为点接触，若采用其他刀具加工，容易产生干涉而铣伤邻近表面。加工立体曲面类零件一般使用三坐标数控铣床，采用以下两种加工方法。

　　（1）行切加工法

　　采用三坐标数控铣床进行二轴半坐标控制加工，即行切加工法。如图 1-17（a）所示，球头铣刀沿 XZ 平面的曲线进行直线插补加工，当一段曲线加工完后，沿 Y 方向进给 ΔY，再加工相邻的另一曲线，如此依次用平面曲线来逼近整个曲面。相邻两曲线间的距离 ΔY 应根据表面粗糙度的要求及球头铣刀的半径选取。球头铣刀的球半径应尽可能选得大一些，以增加刀具刚度，提高散热性，降低表面粗糙度值。加工凹圆弧时的铣刀球头半径必须小于被加工曲面的最小曲率半径。

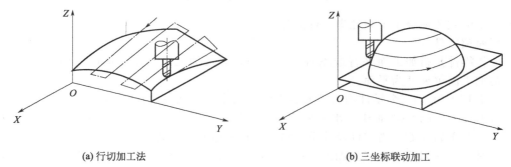

　　　　（a）行切加工法　　　　　　　　　　　　　　　（b）三坐标联动加工

图 1-17　立体曲面类零件加工方法

　　（2）三坐标联动加工

　　采用三坐标数控铣床三轴联动加工，即进行空间直线插补。如图 1-17（b）所示，半球形零件可用行切加工法加工，也可用三坐标联动的方法加工。这时，数控铣床用 X、Y、Z 三坐标联动的空间直线插补，实现球面加工。

六、数控机床的发展趋势

　　随着微电子技术和计算机技术的发展，数控系统的性能日益完善，数控技术的应用领域日益扩大；不同的应用领域对数控技术提出了新的使用要求，又促进了数控技术的发展。数控机床总的发展趋势可以归纳为以下几个方面。

　　（1）高速高精度

　　数控机床的高速化指主轴转速和进给速度的提高，高速度既可以提高机床的金属切除率，减少辅助时间，又能改善切屑形成过程，减少刀具的每转进给量，有助于提高加工精度。

　　产品的加工精度直接决定了它的使用性能、寿命、能耗和噪声等，因此，数控机床的高精度化是市场需求和技术发展的必然结果。

（2）智能化

数控系统和数控装备的智能化，不仅有助于减轻操作者的劳动强度，而且能够提高数控加工的质量和效率，因而智能化是数控技术发展的重要方向之一。智能化主要体现在以下几个方面。

① 智能化适应控制　通常的数控系统只能按照预先编好的程序工作，考虑到加工过程中的不确定因素，如毛坯尺寸和硬度的变化、刀具的磨损状态变化等，编程中一般采用比较保守的切削用量，从而降低了加工效率。具备自适应控制功能的数控系统可以在加工过程中随时测量主轴转矩、功率、切削力、切削温度、刀具磨损等参数，并根据测量结果，实时调整主轴转速和进给量的大小，确保加工过程处于最佳状态。

② 智能化编程　有了高性能的数控机床以后，高质量、高效率地编制零件加工程序就成了提高数控加工效率的关键问题。

③ 智能化加工过程监控和故障诊断　将人工智能技术和现代传感器技术与数控技术相结合，开发具有人工智能的在线监控和故障诊断系统。对加工过程的一些关键环节和因素如刀具磨损状态、主轴运行状态等进行智能化监控，对数控系统或数控机床的故障进行自动诊断，并自动或指导维修人员快速排除故障。

④ 智能寻位加工　通过模仿人类智能的途径，主动感知工件信息、自动分析求解工件的实际状态，并根据工件的实际状态进行位姿自适应加工，从而消除对精密夹具的依赖，有效缩短生产周期，增强企业对市场动态变化的快速响应能力。

（3）开放式数控系统

传统的计算机数控系统是专用的封闭计算机系统，即系统的功能模块和模块间的接口都是专用的。封闭系统的缺点是，不同厂家生产的数控系统不兼容，一旦出现故障，往往要找生产厂家来维修，很不方便；而且难以升级换代，一般要落后于通用计算机技术的发展。开放式系统就是系统设计模块化、模块间的接口标准化。

（4）网络数控技术

与信息技术融合的网络化通信和网络化控制也是数控技术发展的重要方向。数控技术的网络化，主要体现在两方面：数控机床与智能制造生产线中上层管理计算机的联网技术；是基于现场总线网络的数控机床内部功能模块（伺服系统、主轴单元、PLC、机床传感器等）间的网络化通信技术。

（5）提高数控系统的可靠性

数控机床由于增加了数控装置和伺服系统，使用了大量的电气、液压、气动元件和机电装置，出现故障的概率远高于普通机床，因此可靠性是数控机床用户最为关注的问题，可靠性的提高也是数控技术要解决的重要课题之一。数控系统的可靠性一般用平均无故障时间（MT-BF）来衡量，现代数控系统的平均无故障时间可达到10000～36000h。提高数控系统的可靠性可以通过提高线路的集成度、精简外部连线、提高元器件的抗干扰能力、提高零部件的标准化程度等措施来实现。

（6）实现数控装备的复合化

数控装备复合化是在一台机床上尽可能地实现从毛坯到产品的全部机械加工内容。复合加工设备包括：跨加工类别的工艺复合数控机床，如车铣加工中心和铣削-激光加工复合机床等；多面多轴联动的工序复合机床，如并联机床。复合加工机床能够提高工序的集成度，缩短加工过程链，提高多品种、单件小批量产品的生产效率。这是因为复合数控机床减少了在不同机床间进行工序转换而引起的等待时间及多次上下料的时间，通常这些时间占到零件整个生产周期的40%～60%。

（7）CAD/CAM/CNC 一体化，实现数字化制造

数字化制造简单地说就是用数字的方式来存储、管理和传递制造过程中的所有信息。CAD/CAM/CNC 一体化是实现数字化制造的基础，而基于 PC 的数控系统可以在两个方面加快这一进程：一是许多 CAD/CAM 软件可以在以 PC 为平台的数控系统中直接运行，使得零件的设计、编程和加工控制可以由同一台 PC 完成，对于一些特殊的零件还可以设计专门的 CAD/CAM/CNC 一体化系统，从而实现物理上的 CAD/CAM/CNC 一体化；二是 PC 本身具有联网功能，可以通过网络与 CAD/CAM 计算机进行高速信息交换，使得 PC 数控系统可以直接获取设计和加工信息，从而实现逻辑上的 CAD/CAM/CNC 一体化。

任务二　刀具、刀柄安装和装卸训练

在数控铣床/加工中心上，要根据被加工零件的材料、几何形状、表面质量要求、热处理状态、切削性能及加工余量等，选择刚性好、耐用度高的刀具。常见的数控铣床/加工中心刀具有面铣刀、立铣刀、球头铣刀、环形铣刀、鼓形铣刀、锥形铣刀、键槽铣刀和模具铣刀等。

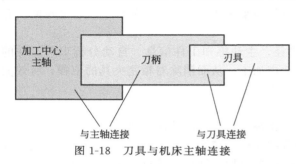

图 1-18　刀具与机床主轴连接

数控铣床/加工中心用的刀具通过刀柄与机床主轴连接，如图 1-18 所示。刀柄是刀具在主轴上的定位和装夹机构；刀体用于支撑刀片，并与刀片仪器固定于刀柄上；刀片是刀具的铣削刃，是刀具中的耗材；相关附件包括接杆、弹簧夹头、刀座、平衡块（精镗刀用）以及紧固用特殊螺钉等。数控铣床用的刀柄、刀体和相关附件是成系列的。铣床的工艺能力强大，其刀具种类也较多，一般分为铣削类、镗削类、钻削类等。

一、数控铣床（加工中心）用刀柄系统

数控铣床（加工中心）用刀柄系统有三部分组成，即刀柄、拉钉和夹头（或中间模块）。

数控铣刀通过刀柄与数控铣床（加工中心）主轴连接，其强度、刚性、耐磨性、制造精度以及夹紧力等对加工有直接的影响。

1. 刀柄分类和应用场合

加工中心常用刀柄类型及其应用场合见表 1-4。

表 1-4　加工中心常用刀柄类型及其应用场合

刀柄类型	刀柄实物图	夹头或中间模块	夹持刀具	备注及型号举例
削平型工具刀柄		无	直柄立铣刀、球头铣刀、削平型浅孔钻等	JT-40-xp20-70
弹簧夹头刀柄		ER弹簧夹头	直柄立铣刀、球头铣刀、中心钻等	BT30-ER20-60

刀柄类型	刀柄实物图	夹头或中间模块	夹持刀具	备注及型号举例
强力夹头刀柄		KM弹簧夹头	直柄立铣刀、球头铣刀、中心钻等	BT40-C22-95
面铣刀刀柄		无	各种面铣刀	BT40-XM32-75
三面刃铣刀刀柄		无	三面刃铣刀	BT40-XS32-90
侧固式刀柄		粗、精镗及丝锥夹头等	丝锥及粗、精镗刀	21A. T40.32-58
莫氏锥度刀柄		莫氏变径套	锥柄钻头、铰刀	有扁尾 ST40-M1-45
		莫氏变径套	锥柄立铣刀和锥柄带内螺纹立铣刀等	无扁尾 ST40-MW2-50
钻夹头刀柄		铅夹头	直柄钻头、铰刀	ST50-Z16-45
丝锥夹头刀柄		无	机用丝锥	ST50-TPG875
整体式刀柄		粗、精镗刀头	整体式粗、精镗刀	BT40-BCA30-160

2. 拉钉

加工中心拉钉（见图1-19）的尺寸也已标准化，ISO 或 GB 规定了 A 型和 B 型两种形式的拉钉，其中 A 型拉钉用于不带钢球的拉紧装置，而 B 型拉钉用于带钢球的拉紧装置。刀柄及拉钉的具体尺寸可查阅有关标准的规定。

3. 弹簧夹头及中间模块

弹簧夹头有两种，即 ER 弹簧夹头［见图 1-20（a）］和 KM 弹簧夹头［见图 1-20（b）］。其中 ER 弹簧夹头的夹紧力较小，适用于切削力较小的场合；KM 弹簧夹头的夹紧力较大，适用于强力铣削。

| | (a) ER弹簧夹头 | (b) KM弹簧夹头 |

图 1-19　拉钉　　　　　　　　　　　　　　图 1-20　弹簧夹头

中间模块（见图 1-21）是刀柄和道具之间的中间连接装置，通过中间模块的使用，提高了刀柄的通用性能。例如，镗刀、丝锥与刀柄的连接就经常使用中间模块。

(a) 精镗刀中间模块　　　　(b) 攻螺纹夹套　　　　(c) 钻夹头接柄

图 1-21　　中间模块

二、刀柄与主轴连接

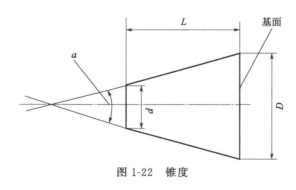

图 1-22　锥度

加工中心的主轴和刀柄之间通常采用锥度配合。锥度配合特点是定心性好，间隙或过盈可以方便地调整等。

锥度 $C = (D - d)/L$，如图 1-22 所示。

刀柄的分类也主要有两种分类。按与加工中心主轴的连接方式分类：分为 7∶24 锥度刀柄和 1∶10 锥度刀柄；按刀柄与刀具的连接方式分类：分为侧固式刀柄、弹簧夹套式刀柄、液压刀柄、热胀刀柄等。

1. 7∶24 锥度刀柄

（1）定位原理

7∶24 锥度刀柄通过长锥面限制 X、Y 方向的移动及转动、Z 方向的移动共 5 个自由度，通过拉力 F 与锥面产生的摩擦力限制 Z 轴的转动（如图 1-23、图 1-24 所示），从而实现刀柄的完全定位。此定位方式刀柄端面与主轴端面有间隙，如 BT 系列刀柄。

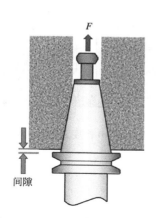 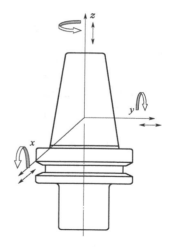

图 1-23 7∶24 锥度刀柄定位原理　　　图 1-24 7∶24 锥度刀柄自由度

（2）特点

① 优点

a. 不自锁，可以实现快速装卸刀具。

b. 刀柄的锥体在拉杆轴向拉力的作用下，可紧紧地与主轴的内锥面接触。

c. 7∶24 锥度的刀柄在制造时只要将锥角加工到高精度即可保证连接的精度，所以成本相应比较低，而且使用可靠。

② 缺点

a. 单独的锥面定位。7∶24 锥度刀柄连接锥度较大，锥柄较长，导致换刀行程长，换刀时间慢，且刀柄重量增加，机床损耗功率增大。

b. 在高速旋转时，由于离心力的作用，主轴前端锥孔会发生膨胀，膨胀量的大小随着旋转半径与转速的增大而增大，见图 1-25，但是与之配合的 7∶24 锥度刀柄由于是实心的，所以膨胀量较小。如：在离主轴中心 $r=0.02\text{m}$ 处，一质量为 $m=100\text{g}$ 的质点，在机床主轴转速为 $n=12000\text{r/min}$ 时，所受到的离心力为 $F=3158.3\text{N}$。

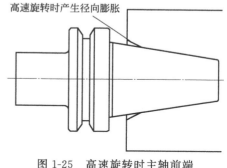

图 1-25 高速旋转时主轴前端锥孔发生膨胀

所以有：刀柄旋转时，在拉杆拉力的作用下，刀柄向内位移，轴向精度低；刀具总的刚度会降低，导致刀具前端径向跳动大，加工位置的表面质量、位置精度都差；每次换刀后刀柄的径向尺寸都可能发生改变，存在着重复定位精度不稳定的问题；不适合高速切削。

2. 1∶10 锥度刀柄

（1）1∶10 锥度刀柄两面定位原理

1∶10 锥度刀柄（图 1-26），锥度部分为中空，当机床拉紧刀柄时，刀柄端面与主轴端面紧密贴合，同时刀柄锥面发生弹性形变，紧密贴合，形成过定位，限制刀柄 X、Y 方向的移动与转动、Z 方向的移动 5 个自由度，另通过主轴的拉力，锥面之间、端面与端面之间产生的摩擦力限制 Z 轴的转动（图 1-27），如 HSK 系列刀柄。

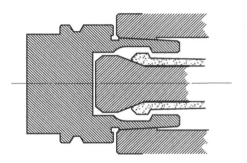

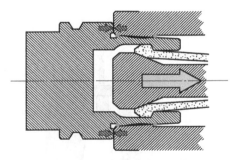

图 1-26   1∶10 锥度刀柄结构示意图   图 1-27   1∶10 锥度刀柄定位状态示意图

（2）特点

① 优点

a. 1∶10 锥度刀柄的结构形式与常用的 7∶24 锥度刀柄不同，它是一种新型的高速锥形刀柄，在拉紧力作用下，端面定位防止刀柄的轴向窜动，轴向重复定位精度高达 $1\mu m$；同时端面紧紧贴合，产生很大的静摩擦力，对主轴锥孔受离心力变大有很好的抑制作用，其径向跳动不超过 $5\mu m$，具有高的轴向及径向精度。

b. 1∶10 刀柄锥柄长度短（约为标准 7∶24 锥柄长度的 1/2）、重量轻（柄部空心，见图 1-28），因此可减少换刀时间，有利于机床的小型化。

c. 由于 1∶10 刀柄是双面贴合（图 1-29），其具有更大的动、静径向刚度，刀具系统不易产生振动，加工精度高，刀具也不易磨损。同时也非常适合在高转速下使用，可使用于 60000r/min 的主轴转速。

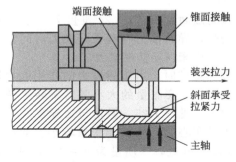

图 1-28   1∶10 刀柄结构   图 1-29   刀柄双面接触

d. 有较好的动平衡性：在高速切削加工条件下，微小质量的不平衡都会造成巨大的离心力，在加工过程中引起机床的剧烈振动。

② 缺点

a. 结构复杂，制造精度要求高，成本高（刀柄价格是普通标准 7∶24 刀柄的 1.5～2 倍）。

b. 1∶10 刀柄是通过锥面变形来实现两面定位的，当刀柄处于高速旋转时，变形、应力都会更加严重，从而使得可靠性下降。

三、刀柄与刃具连接方式

刀柄与刃具的连接必须在保证精度的前提下牢固可靠。连接方式有很多，常用的一般有以下几种刀柄。

1. 侧固式刀柄

侧固式刀柄，就是使用专用螺钉从侧面顶紧刃具，使刃具与刀柄牢固连接，见图1-30。根据刃具的不同，又可分为单侧固、双侧固、斜侧固，如图1-31。装夹直径25mm以上刀具，建议使用双侧固方式。

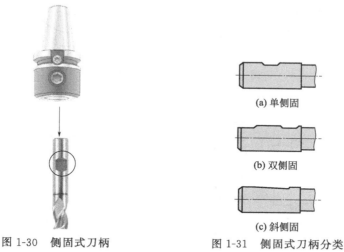

图1-30　侧固式刀柄　　　　　　图1-31　侧固式刀柄分类

(a) 单侧固
(b) 双侧固
(c) 斜侧固

侧固式刀柄的优缺点如下。

① 侧固式刀柄的优点：装夹方便；传递转矩大；使用内冷不需附件。

② 侧固式刀柄的缺点：装夹精度不高；刀柄动平衡不好；通用性不好。

侧固式刀柄一般用于粗加工、转速不高的加工或重切削加工等，如螺纹底孔的加工、粗钻加工等。

2. 弹簧夹套式刀柄

弹簧夹套式刀柄是通过旋紧螺母，使用弹簧夹套压紧刃具的连接方式，见图1-32、图1-33。

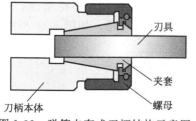

刃具
夹套
螺母
刀柄本体

图1-32　弹簧夹套式刀柄结构示意图

图1-33　弹簧夹套式刀柄外形

弹簧夹套式刀柄的特点如下。

① 最常用的是ER弹簧夹头，其使用方便，价格便宜，通用性好，但夹持力不强。

② 在夹持力大的场合，可选用各种强力弹性夹头刀柄。

③ 弹簧夹套式刀柄结构简单、夹持精度高，应用广泛。

因为弹簧夹套式刀柄夹持力有限，主要用于夹持柄径相对较小的钻头、立铣刀、绞刀、丝锥等直柄刀具（图1-34）。

3. 液压式刀柄

液压式刀柄（图1-35、图1-36）是通过旋进螺钉，液压油使刀柄内腔形变，达到压紧刃具的目的。

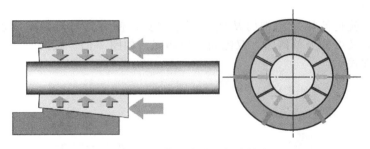

图 1-34 弹簧夹套式刀柄夹持力

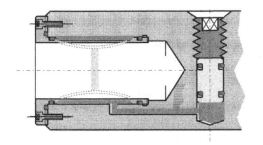

图 1-35 液压式刀柄结构（一）

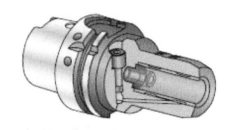

图 1-36 液压式刀柄结构（二）

如果同一个刀柄要夹持不同直径的刃具，可使用变径套，如图 1-37 所示。但这会增大刃具的夹持误差。

液压式刀柄的优点：装夹精度高；装夹方便。

液压式刀柄的缺点：价格高；维护不便、易漏油；夹紧力不强、刚度低。

液压式刀柄的部分缺点可以通过以下方式解决：如图 1-38 所示，可以设计两处变形点，从而增加夹持力与夹持刚性；通过一体式刀柄设计，可解决维护不便、易漏油的问题，如图 1-39 所示。

液压刀柄

变径套

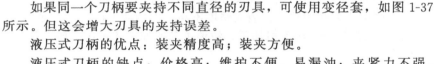

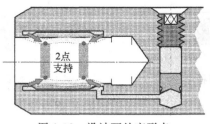

图 1-38 设计两处变形点

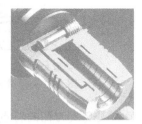

图 1-39 采用一体式刀柄设计

4. 热胀式刀柄

图 1-37 液压式刀柄与刀具使用变径套连接

热胀式刀柄是通过加热刀柄夹持部分，使夹持孔扩张，装进刃具之后，夹持部分冷却，从而固定刃具。图 1-40 为热胀装置，图 1-41 为热胀式刀柄。

① 优点：动平衡好，适合于高速加工；重复定位精度高，一般在 0.002mm 以内。

② 缺点：需要额外的热胀装置；装夹操作不便；刀柄寿命受限；刀柄的柔性差。

图 1-40　热胀装置

图 1-41　热胀式刀柄

5. 刀柄与刃具连接方式的对比（见表1-5）

表 1-5　刀柄与刃具连接方式的对比

比较项目	弹簧夹套式	液压式	热胀式
综合比较	可用于所有工序,通用性好	不适合高速加工,维护成本高	非常适合高速加工,装夹精度高,动平衡好,通用性好
刀具跳动	在离夹持位置 $4d$ 距离处的跳动为 $10\mu m$ 左右	在离夹持位置 $4d$ 距离处的跳动为 $5\mu m$ 左右	在离夹持位置 $4d$ 距离处的跳动为 $3\mu m$ 左右
刀柄刚性	好	差	很好,夹持力超过主轴夹持力
动平衡	好,根据动平衡需要可以制造出各种弹簧夹套	不好,但可通过去除材料进行补偿	很好,整体式回转体
刀柄振动	没有优势	油液可以吸收部分振动	没有优势
使用方便性	低,装夹精度受操作者的影响大	较好,精度比较稳定,但夹紧机构容易破坏	高,不需要操作者有很高的技巧
成本	一般	昂贵	相对液压式刀柄便宜

四、刀具装卸

由于数控铣床没有刀具库,因此在加工零件时往往要用同一个刀柄装不同尺寸的刀具,这样就要进行刀具的更换。

1. 手动在主轴上装卸刀柄的方法

① 确认刀具和刀柄的重量不超过机床规定的许用最大重量。

② 清洁刀柄锥面和主轴锥孔。

③ 左手握住刀柄,将刀柄的键槽对准主轴端面键垂直伸到主轴内,不可倾斜。

④ 右手按下换刀按钮,压缩空气从主轴内吹出以清洁主轴和刀柄,按住此按钮,然后左手往上托一下,直到刀柄锥面与主轴锥孔完全贴合后,松开按钮,刀柄即被自动夹紧,确认夹

紧后方可松手。

⑤ 刀柄装上后，用手转动主轴检查刀柄是否正确装夹。

⑥ 卸刀柄时，先用左手握住刀柄，再用右手按换刀按钮，待夹头松开后，左手取出刀具组，右手松开刀柄，松开、夹紧键。用左手托住刀具组时用力不可过小，以免松开夹头后刀具组往下掉而损坏刀具、刀具冲击工作台面而损坏台面。

2. 在手动换刀过程中应注意的问题

① 应选择有足够刚度的刀具及刀柄，同时在装配刀具时保持合理的悬伸长度，以避免刀具在加工过程中产生变形。

② 卸刀柄时，必须要有足够的动作空间，刀柄不能与工作台上的工件、夹具发生干涉。

③ 换刀过程中严禁主轴运转。

3. 锥柄刀具的更换

① 用卸刀具的方法，把锥柄刀具卸下。

② 把锥柄刀具组放在锁刀座上（如果没有就放在台虎钳上，使刀柄缺口与台虎钳钳口面相对，轻轻拧紧台虎钳），用扳手把拉钉拧下。

③ 用内六角扳手把内六角吊紧螺钉拧松，用细长圆棒一端与内六角吊紧螺钉头接触（在台虎钳上操作时，拧松台虎钳，取下刀具组，把台虎钳的钳口拧小，使刀柄缺口的下端面与台虎钳钳口的上平面接触），另一端用锤子轻轻敲击，使锥柄锥面与刀柄体分离，然后继续用内六角扳手把内六角吊紧螺钉拧下，取出锥柄刀具。

④ 把需要更换的锥柄刀具插入刀柄体锥孔内，用内六角扳手把内六角吊紧螺钉拧紧，然后把拉钉拧到刀柄体上，并拧紧。

对于斜柄钻夹头等装卸，取下刀具组后，按普通机床中关于刀具的装卸方法进行。

五、自动换刀装置（ATC）的操作

机床在自动运行中，ATC换刀的操作是靠执行换刀程序自动完成的。当手动操作机床时，ATC的换刀是由人工操作完成或用单节程式（MDI）工作方式完成。

1. 刀库装刀的操作

刀库手动操作相关键如下：

刀库正转键　

刀库反转键　

注意：刀库正转反转只能在手动、手轮、增量寸动方式下进行。

刀库旋转时，一定要在刀库定位后再按刀库正、反转键，否则会导致刀库混乱。

往刀库上装刀：刀夹上的键槽与刀库上的键要相配才能装紧（注：刀装好后，一定要左右旋转刀夹，看是否装紧）。

从刀库上卸刀：两手平稳分别握住刀具的上下端往外平拉。

2. 往主轴装卸刀的操作

立柱上有一个主轴刀具的松开与夹紧按钮（即手动换刀键），在手动、手轮、增量寸动方式下用来装卸刀。

往主轴装刀：把刀柄送入主轴锥孔（注意要让刀夹上的键槽与主轴上的键相配）。

按下手动换刀键，可自动把刀具"夹紧"在主轴上（注意要往下拽一下刀具，看是否装牢了）。

从主轴卸刀：用手拿牢主轴上的刀具（不准手托），以免掉落损坏刀具或机床工作台面。

按手动换刀键，停几秒，可实现"松开"主轴上的刀具。

3. MDI 方式下的 ATC 操作——自动换刀

在单节程式（MDI）方式下，可完成自动换刀动作。

（1）方法

将操作方式旋钮旋至"单节程式"方式→F4（执行加工）→F3（MDI 输入）→在对话框中输入"TM6"→F1（确定）或"ENTER"键→按下循环启动键。

（2）自动换刀执行过程

向刀库中放刀：主轴定位；刀库推进至主轴，将主轴上刀具装至刀库上。

取刀：主轴提起；刀库旋转，以将要换的刀转至换刀位处；主轴下降，换上新刀；刀库退回。

（3）刀库混乱的处理

① 用手动方式将刀库的一号刀位旋转至对正主轴中心。

② 将操作方式旋钮旋至"原点复归"。

③ 按住刀库正转键（约 5s），至屏幕上所显示的刀号变为 T1。

④ 执行换 1 号刀的操作：将操作方式旋钮旋至"单节程式"方式→F4（执行加工）→F3（MDI 输入）→在对话框中输入"T1M6"→F1（确定）或"ENTER"键→按下循环启动键。

⑤ 这时屏幕右下角会出现"执行加工中"后即消失，代表此主轴的刀号是 1 号刀。

⑥ 连续更换另一把刀，看是否呼叫 2 号，即换成 2 号刀。如果是，则刀库混乱调整完毕。

（4）注意事项

① 按刀库正、反转键时，一定要待刀库旋转到位后再按，否则会导致刀库混乱。

② 屏幕上显示的刀号，对应的刀库位上千万不能装有刀。

③ 刀库混乱后调整时，切记 1 号刀库位不能装有刀。

④ 在刀库混乱后调整中，将屏幕当前刀号强制变为"T1"后，切记要执行换 1 号刀的动作。

任务三 常见夹具及工件装夹训练

在铣床上加工零件时，为了在零件上加工出符合工艺规程和技术要求的表面，零件在加工前需要在铣床上占有一个正确的位置，即定位。在加工过程中，零件受到切削力、重力、振动、离心力、惯性力等作用，所以还需采用一定的机构，让零件在加工过程中一直保持在这个确定的位置上，即夹紧。在铣床上使零件占有正确的加工位置并使其在加工过程中始终保持不变的工艺装备称为铣床夹具。最常用的铣床夹具有机用平口虎钳和工艺压板。

一、机用平口虎钳规格和正确安装工件

1. 机用平口虎钳的结构和规格

机用平口虎钳是铣床上常用的装夹零件的夹具。铣削零件的平面、台阶、斜面和铣削轴类零件的键槽等，都可以用机用平口虎钳装夹零件。机用平口虎钳的结构如图 1-42 所示。

机械平口虎钳规格是按钳口的宽度划分的。

机用平口虎钳的钳口可以制成多种形式，如图 1-43 所示，更换不同形式的钳口可扩大机

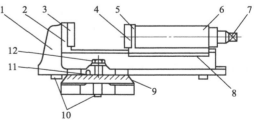

图 1-42 机用平口虎钳结构

1—钳体；2—固定钳口；3—固定钳口铁；4—活动钳口铁；
5—活动钳口座；6—活动钳身；7—丝杠方头；8—压板；
9—底座；10—定位键；11—钳体零线；
12—螺栓

床用平口虎钳的使用范围。

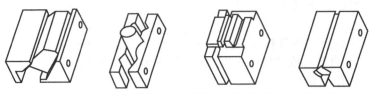

图 1-43   机用平口虎钳钳口的不同形状

用机用平口虎钳装夹工件如图 1-44 所示。

机用平口虎钳的虎钳体与回转底盘由铸铁制成，使用回转底盘时，各贴合面之间应保持清洁，否则会影响虎钳的定位精度。在使用回转盘上的刻度前，应首先找正固定钳口与工作台某一进给方向平行（见图 1-45），然后在调整中使用回转刻度。

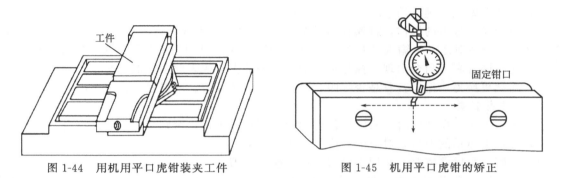

图 1-44   用机用平口虎钳装夹工件   图 1-45   机用平口虎钳的矫正

2. 机用平口虎钳的安装和校正方法

由于铣削振动等因素影响，机用平口虎钳各紧固螺钉，如固定钳口和活动钳口的紧固螺钉、活动座的压板紧固螺钉、丝杠的固定板和螺母的紧固螺钉以及定位键的紧固螺钉等在工作时会松动，应注意检查和及时紧固。

在对机用平口虎钳进行夹紧操作时，应使用定制的机用平口虎钳扳手，在限定的力臂范围内用手扳紧施力；不得使用自制加长手柄、加套管接长力臂或用重物敲击手柄，否则可能造成虎钳传动部分损坏，如丝杠弯曲、螺母过早磨损或损坏，严重些会使螺母内螺纹崩牙、丝杠固定端产生裂纹等，甚至还会损坏虎钳活动座和虎钳体。

准确校正平口虎钳，才能够保证加工零件相对位置精度的准确。平口虎钳的校正方法如下。

① 利用划针盘或大头针对机用平口虎钳进行粗找正。找一个大头针，在其后面涂抹少量黄油后黏在刀头上，然后将机用平口虎钳的固定钳口靠向大头针的尖部，使大头针或划针头离固定钳口 1mm 左右，然后用手慢慢摇动纵向工作台，注意观察大头针针尖和固定钳口面之间的距离是否均匀，如果不均匀，松开平口虎钳两侧的紧固螺钉进行调整，直到缝隙较均匀为止。

② 利用百分表精确找正。校正时，将磁性表座吸附在横梁导轨面上或立铣头主轴部分，安装百分表，使表的测量杆与固定钳口平面垂直，测量触头触到钳口平面，测量杆压缩 0.3～0.5mm，纵向移动工作台，观察百分表读数，在固定钳口全长内一致，则固定钳口与工作台进给方向平行，这样才能在加工时获得一个好的位置精度。

③ 固定钳口与工作台进给方向平行校正好后，用相同的方法，升降工作台，校正固定钳口与工作台平面的垂直度。

3. 工件在机用平口虎钳上的安装

利用机用平口虎钳装夹的零件尺寸一般不能超过钳口的宽度，所加工的部位不得与钳口发生干涉。机用平口虎钳安装好后，把零件放入钳口内，并在零件的下面垫上比零件窄、厚度适当且加工精度较高的等高垫块，然后把零件夹紧（对于高度方向尺寸较大的零件，不需要加等高垫块而直接装入机用平口虎钳）。

机用平口虎钳正确的安装与错误的安装对比见图1-46。

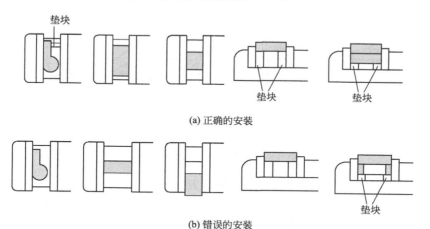

图 1-46　机用平口虎钳的使用

在安装过程中，要注意以下事项。

① 要将平口钳周边及装夹部位清洁干净。

② 等高垫块要擦拭干净。

③ 夹紧工件前应用木榔头或橡皮锤敲击工件上表面，以保证夹紧可靠，如图1-47所示。不能用铁块等硬物敲击工件上表面。

④ 工件应当紧固在钳口比较中间的位置，并使工件加工部位最低处高于钳口顶面（避免加工时刀具撞到或铣刀虎钳），装夹高度以铣削尺寸高出钳口平面3～5mm为宜。

⑤ 夹紧时不能用铁块等硬物敲击夹紧扳手。

⑥ 拖表使工件长度方向与 X 轴平行后，将虎钳锁紧在工作台。

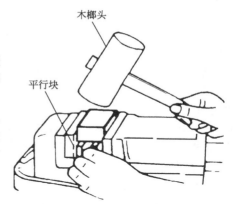

图 1-47　用木榔头敲击工件上表面

也可以先通过拖表使钳口与 X 轴平行，然后将虎钳锁紧在工作台上，再把工件装夹在虎钳上。如果必要可再对工件拖表检查长度方向与 X 轴是否平行。

⑦ 必要时拖表检查工件宽度方向与 Y 轴是否平行。

⑧ 必要时拖表检查工件顶面与工作台是否平行。

二、组合压板安装工件

找正装夹是按工件的有关表面作为找正依据，用百分表逐个找正工件相对于机床和刀具的位置，然后把工件夹紧。利用靠棒确定工件在工作台中的位置，将机器坐标值置于G54坐标系中（或其他坐标系），以确定工件坐标零点。

用专用夹具装夹是靠夹具来保证工件相对于刀具及机床所需的位置，并使其夹紧。工件在夹具中的正确定位，是通过工件上的定位基准面与夹具上的定位元件相接触而实现的，不再需要找正便可将工件夹紧。夹具预先在机床上已调整好位置，因此工件通过夹具相对于机床也就有了正确位置。这种装夹方法在成批生产中应用广泛。

1. 直接在工作台上安装工件的找正安装

组合压板安装工件的方法如图 1-48 所示。将工件直接压在工作台面上，也可在工件下面垫上厚度适当且精度较高的等高垫块后再将其压紧。

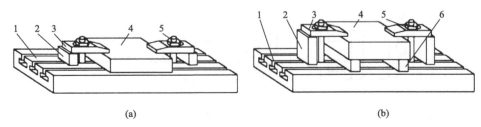

(a)　　　(b)

图 1-48　组合压板安装工件的方法

1—工作台；2—支承块；3—压板；4—工件；5—双头螺柱；6—等高垫块

① 根据加工零件的高度，调节好工作台的位置。

② 在工作台面上放上两块等高垫铁（垫铁一般与 Y 轴平行放置，其位置、尺寸大小应不影响工件的切削，且位置尽可能相距远一些），放上工件（由于数控铣床在 X 轴方向的运行范围比在 Y 轴方向的运行范围大，所以编程、装夹时零件纵向一般与 X 轴平行），把双头螺柱的一端拧入 T 形螺母（2 个）内，把 T 形螺母插入工作台面的 T 形槽内，双头螺柱的另一端套上压板（压板一端压在工件上，另一端放在与工件上表面平行或稍微高的垫铁上），放上垫圈，拧入螺母，到用手拧不动为止。上述是对零件进行挖槽类加工时的装夹，如果是加工外轮廓，则先插好带双头螺柱的 T 形螺母（1 个），在工作台面上放上两块等高垫铁，再放上工件，套上压板，放上垫圈，拧入螺母，到用手拧不动为止。

③ 伸出主轴套筒，装上带百分表的磁性表座，使百分表触头与工件的前侧面（即靠近人的侧面）接触，移动 X 轴，观察百分表的指针晃动情况（同样只要观察触头与工件侧面接近两端时的情况即可），根据晃动情况用紫铜棒轻敲工件侧面，调整好后，拧紧螺母，然后再移动 X 轴，观察百分表指针的晃动情况，用紫铜棒敲击工件侧面作微量调整，直至满足要求为止，最后彻底拧紧螺母。

④ 取下磁性表座，装入刀具组，调节工作台的位置。

⑤ 对刀操作。

2. 使用压板时注意事项

① 必须将工作台面和工件底面擦干净，不能拖拉粗糙的铸件、锻件等，以免划伤台面。

② 压板的位置要安排妥当，要压在工件刚性最好的地方，不得与刀具发生干涉，夹紧力的大小也要适当，以免产生变形，如图 1-49 所示。

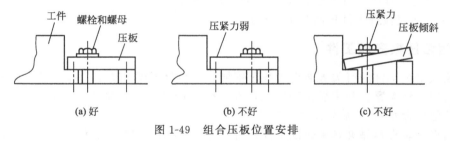

(a) 好　　　(b) 不好　　　(c) 不好

图 1-49　组合压板位置安排

③ 支承块高度要与工件相同或略高于工件，压板螺栓必须尽量靠近工件，并且螺栓到工件的距离应小于螺栓到支承块的距离，以便增大压紧力。螺母必须拧紧，否则会因压力不够而使工件移动，以致损坏工件、机床和刀具，甚至发生意外事故，如图1-50所示。

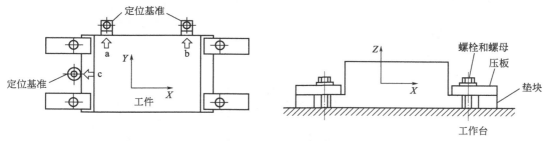

图1-50　组合压板与定位基准

3. 操作方法

① 用压板将工件轻轻夹持在机床的工作台上。

② 将磁力表座吸到主轴上。

③ 装好百分表，将测量杆垂直于要找正的表面（以工件上某个表面作为找正的基准面），并有0.3～1mm的压缩量。

④ 用手轮方式移动工作台，观察指针的变化，找出最高点和最低点，用铜锤轻敲工件，直至找正在公差之内。

⑤ 找正后，旋紧螺母，再用百分表校正，直至符合要求。

4. 特点

① 定位精度与所用量具的测量精度和操作者的技术水平有关。

② 只适用于单件小批生产以及在不便使用夹具夹持的情况下。

③ 定位精度在0.005～0.02mm之间。

5. 工件安装与找正注意事项

在工件安装与找正过程中，要注意以下事项。

① 工件的外轮廓不能影响机床的正常运动，且工件所有加工部位一定要落在机床的工作行程之内。

② 工件的安装方向应与工件编程时坐标方向相同，谨防加工坐标的转向。

③ 工件上对刀点位置尽量避免有装夹辅具，减小工件安装对对刀的影响。

④ 工件上的找正长边尽量与机床工作台的纵向一致，以便于工件的找正。

⑤ 工件的压紧螺钉位置，不能影响刀具的切入与切出；压紧螺钉的高度尽量低，防止刀具从任意位置快速到达加工安全高度时与压紧螺钉相撞。

三、精密夹具和组合夹具

1. 精密夹具板

对于除底面以外的其他表面均需要加工的情况，一般的装夹方式就无法满足，此时可采用精密夹具板的装夹方式。

精密夹具板具有较高的平面度、平行度和较小的表面粗糙度值，可根据加工零件尺寸大小选择不同的型号或系列，如图1-51所示。有些零件在装夹后必须同时完成整个表面、外形、形腔及孔的加工才能保证其精度要求时，必须采用HP、HH、HM系列精密夹具板安装。

装夹前必须在零件底平面合适的位置加工出深度适宜的工艺螺钉孔（在加工模具零件时，

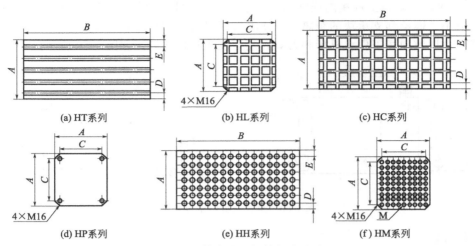

(a) HT系列   (b) HL系列   (c) HC系列

(d) HP系列   (e) HH系列   (f) HM系列

图 1-51   精密夹具板的各种系列

其工艺螺钉孔位置应考虑到今后模具安装时能被利用）。利用内六角螺钉将零件锁紧在精密夹具板上（在加工贯通的形腔及通孔时，必须在零件与精密夹具板之间合适的位置放入等高垫块），然后再将精密夹具板安装在工作台面上。

一些零件在使用组合压板装夹，工作台面上的 T 形槽不能满足安装要求时，需要用 HT、HL、HC 系列精密夹具板安装。利用组合压板将零件装夹在精密夹具板上，然后再将精密夹具板安装在工作台面上，这些精密夹具板还适用于零件尺寸较小时的多件一次性装夹加工。

2. 精密夹具筒安装零件

在加工表面相互垂直度要求较高的零件时，多采用精密夹具筒安装。精密夹具筒具有较高的平面度、垂直度、平行度和较小的表面粗糙度值。精密夹具筒的结构如图 1-52 所示。

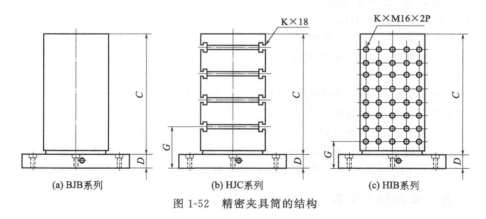

(a) BJB系列   (b) HJC系列   (c) HIB系列

图 1-52   精密夹具筒的结构

3. 用组合夹具安装零件

组合夹具是由一套结构已经标准化、尺寸已经规格化的通用元件与组合元件所构成，可以按零件的加工需要组成各种功用的夹具。组合夹具有孔系组合夹具和槽系组合夹具之分。图 1-53 所示为孔系组合夹具；图 1-54 所示为槽系组合夹具及其组装过程。

组合夹具具有标准化、系列化、通用化的特点，具有组合性、可调性、模拟性、柔性、应急性和经济性，使用寿命长，能适应产品加工中的周期短、成本低等要求，比较适合在加工中心上应用。

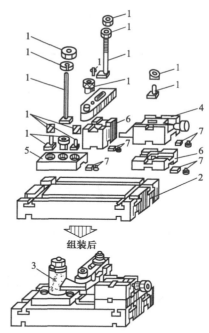

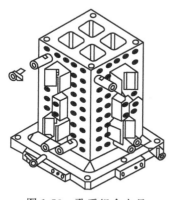

图 1-53　孔系组合夹具

图 1-54　槽系组合夹具组装过程示意图
1—紧固件；2—基础板；3—零件；4—活动 V 形铁组合件；
5—支撑板；6—垫铁；7—定位键及其紧定螺钉

在加工中心上应用组合夹具，有下列优点。

① 节约夹具的设计制造成本；

② 缩短生产准备周期；

③ 节约钢材；

④ 提高企业工艺装备系数。

但是，由于组合夹具是由各种通用标准元件组合而成的，各元件间相互配合环节较多，夹具精度、刚性仍比不上专用夹具，尤其是元件连接的接合面刚度，对加工精度影响较大。通常，采用组合夹具时其加工尺寸精度只能达到 IT8～IT9 级，这就使得组合夹具在应用范围上受到一定限制。此外，使用组合夹具首次投资大，总体显得笨重，还有排屑不便等不足。对中、小批量，单件（如新产品试制）等或加工精度要求不是很高的零件，在加工中心上加工时，应尽可能选择组合夹具。

任务四　常用量具及正确使用

在零件加工过程中，经常要对零件的尺寸进行测量，常用的量具有钢直尺、游标卡尺、万能角度尺、车刀量角台等。

一、钢直尺

钢直尺是最简单的长度量具，它的长度有 150mm，300mm，500mm 和 1000mm 四种规格。图 1-55 是常用的 150mm 钢直尺。

图 1-55　150mm 钢直尺

钢直尺用于测量零件的长度尺寸（图 1-56）。由于钢直尺的刻线间距为 1mm，而刻线本身的宽度就有 0.1～0.2mm，所以测量时读数误差比较大。钢直尺只能读出准确的毫米数，即它的最小读数值为 1mm，比 1mm 小的数值，只能估计而得。

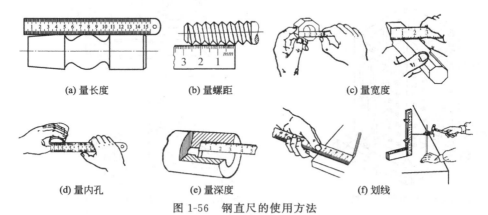

(a) 量长度　　(b) 量螺距　　(c) 量宽度

(d) 量内孔　　(e) 量深度　　(f) 划线

图 1-56　钢直尺的使用方法

如果用钢直尺直接去测量零件的直径尺寸（轴径或孔径），则测量精度更差。其原因除了钢直尺本身的读数误差比较大以外，还由于钢直尺无法正好放在零件直径的正确位置。可以利用钢直尺和内外卡钳配合来进行。零件直径尺寸的测量

二、塞尺

1. 塞尺的定义

塞尺又称测微片或厚薄规，是用于检验间隙的测量器具之一，横截面为直角三角形，在斜边上有刻度，利用锐角正弦直接将短边的长度表示在斜边上，这样就可以直接读出间隙的大小了。

2. 塞尺的测量范围

塞尺由一组具有不同厚度级差的薄钢片组成的量规，见图 1-57。塞尺用于测量间隙尺寸。

图 1-57　塞尺

在检验被测尺寸是否合格时，可以用通止法判断，也可由检验者根据塞尺与被测表面配合的松紧程度来判断。塞尺一般用不锈钢制造，最薄的为0.02mm，最厚的为3mm。0.02~0.1mm间，各钢片厚度级差为0.01mm；0.1~1mm间，各钢片的厚度级差一般为0.05mm；1mm以上的，钢片的厚度级差为1mm。除了公制以外，也有英制的塞尺。

3. 塞尺的使用方法

① 用干净的布将塞尺测量表面擦拭干净，不能在塞尺沾有油污或金属屑末的情况下测量，否则将影响测量结果的准确性。

② 将塞尺插入被测间隙中，来回拉动塞尺，感到稍有阻力，说明该间隙值接近塞尺上所标出的数值；如果拉动时阻力过大或过小，则说明该间隙值小于或大于塞尺上所标出的数值。

③ 进行间隙的测量和调整时，先选择符合间隙规定的塞尺插入被测间隙中，然后一边调整，一边拉动塞尺，直到感觉稍有阻力时即拧紧锁紧螺母，此时塞尺所标出的数值即为被测间隙值。

4. 塞尺的使用注意事项

① 不允许在测量过程中剧烈弯折塞尺，或大力将塞尺强插入被检测间隙，否则会损坏塞尺的测量表面或零件表面的精度。

② 使用完后，应将塞尺擦拭干净，并涂上一薄层工业凡士林，然后将塞尺折回夹框内，以防锈蚀、弯曲、变形而损坏。

③ 存放时，不能将塞尺放在重物下面，以免损坏塞尺。

三、游标卡尺

应用游标读数原理制成的量具有：游标卡尺，高度游标卡尺、深度游标卡尺、游标量角尺（如万能量角尺）和齿厚游标卡尺等，用以测量零件的外径、内径、长度、宽度、厚度、高度、深度、角度以及齿轮的齿厚等，应用范围非常广泛。常用的有游标卡尺、高度游标卡尺、深度游标卡尺、游标量角尺（如万能量角尺）等。

1. 游标卡尺的结构

游标卡尺是一种常用的量具，具有结构简单、使用方便、精度中等和测量的尺寸范围大等特点，可以用它来测量零件的外径、内径、长度、宽度、厚度、深度和孔距等，应用范围很广。

游标卡尺有三种。

① 测量范围为0~125mm的游标卡尺，制成带有刀口形的上、下量爪和带有深度尺的形式，如图1-58。

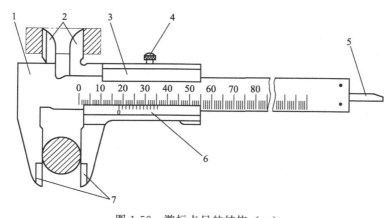

图1-58 游标卡尺的结构（一）
1—尺身；2—上量爪；3—尺框；4—紧固螺钉；5—深度尺；6—游标；7—下量爪

② 测量范围为 0～200mm 和 0～300mm 的游标卡尺，可制成带有内、外测量面的下量爪和带有刀口形的上量爪的形式，如图 1-59。

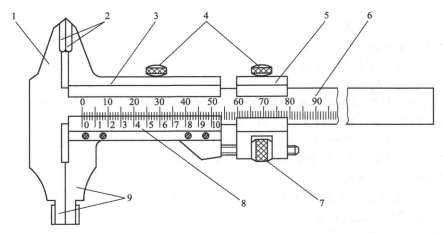

图 1-59　游标卡尺的结构（二）

1—尺身；2—上量爪；3—尺框；4—紧固螺钉；5—微动装置；

6—主尺；7—微动螺母；8—游标；9—下量爪

③ 测量范围为 0～200mm 和 0～300mm 的游标卡尺，还可制成只带有内外测量面的下量爪的形式，如图 1-60。而测量范围大于 300mm 的游标卡尺，只有仅带有下量爪的形式。

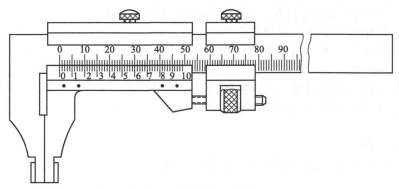

图 1-60　游标卡尺的结构（三）

2. 游标卡尺主要由下列几部分组成

① 具有固定量爪的尺身，如图 1-59 中的 1 所示。尺身上有主尺刻度，如图 1-59 中的 6 所示。主尺上的刻线间距为 1mm。主尺的长度决定了游标卡尺的测量范围。

② 具有活动量爪的尺框，如图 1-59 中的 3 所示。尺框上有游标，如图 1-59 中的 8 所示，游标卡尺的游标读数值可制成为 0.1mm、0.05mm 和 0.02mm 三种。游标读数值，就是指使用这种游标卡尺测量零件尺寸时，卡尺上能够读出的最小数值。

③ 在 0～125mm 的游标卡尺上，还带有测量深度的深度尺，如图 1-58 中的 5 所示。深度尺固定在尺框的背面，能随着尺框在尺身的导向凹槽中移动。测量深度时，应把尺身尾部的端面靠紧在零件的测量基准平面上。

④ 测量范围等于和大于 200mm 的游标卡尺，带有随尺框作微动调整的微动装置，如图 1-59 中的 5 所示。使用时，先用紧固螺钉 4 把微动装置 5 固定在尺身上，再转动微动螺母

7，活动量爪就能随同尺框 3 作微量的前进或后退。微动装置的作用，是使游标卡尺在测量时用力均匀，便于调整测量压力，减少测量误差。

目前我国生产的游标卡尺的测量范围及其游标读数值见表 1-6。

表 1-6 游标卡尺的测量范围和游标卡尺读数值 mm

测量范围	游标读数值	测量范围	游标读数值
0～25	0.02；0.05；0.10	300～800	0.05；0.10
0～200	0.02；0.05；0.10	400～1000	0.05；0.10
0～300	0.02；0.05；0.10	600～1500	0.05；0.10
0～500	0.05；0.10	800～2000	0.10

以上所介绍的各种游标卡尺都存在一个共同的问题，就是读数不很清晰，容易读错，有时不得不借放大镜将读数部分放大。现有游标卡尺采用无视差结构，使游标刻线与主尺刻线处在同一平面上，消除了在读数时因视线倾斜而产生的视差；有的卡尺装有测微表成为带表卡尺（图 1-61），便于读数准确，提高了测量精度；更有一种带有数字显示装置的游标卡尺（图 1-62），这种游标卡尺在零件表面上量得尺寸时，就直接用数字显示出来，使用极为方便。

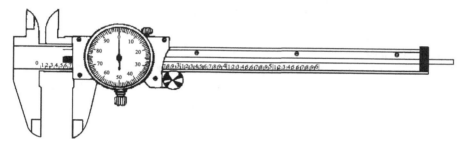

图 1-61 带表卡尺

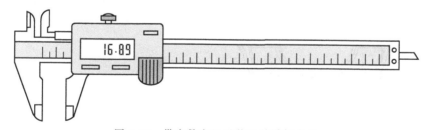

图 1-62 带有数字显示装置的游标卡尺

带表卡尺的规格见表 1-7。数字显示游标卡尺的规格见表 1-8。

表 1-7 带表卡尺规格 mm

测量范围	指示表读数值	指示表示值误差范围
0～150	0.01	1
0～200	0.02	1；2
0～300	0.05	5

表 1-8   数字显示游标卡尺

名称	数显游标卡尺	数显高度尺	数显深度尺
测量范围/mm	0~150；0~200 0~300；0~500	0~300； 0~500	0~200
分辨率/mm	0.01		
测量精度/mm	(0~200)0.03； (>200~300)0.04； (>300~500)0.05		
测量移动速度/m·s⁻¹	1.5		
使用温度/℃	0~+40		

四、百分尺和千分尺

除游标卡尺外，还有百分尺和千分尺。它们的测量精度比游标卡尺高，并且测量比较灵活，因此，当加工精度要求较高时多被应用。百分尺的读数值为 0.01mm，千分尺的读数值为 0.001mm。工厂习惯上把百分尺和千分尺统称为百分尺或分厘卡。目前车间里大量用的是读数值为 0.01mm 的百分尺，现介绍这种百分尺为主，并适当介绍千分尺的使用知识。

百分尺的种类很多，机械加工车间常用的有：外径百分尺、内径百分尺、深度百分尺以及螺纹百分尺和公法线百分尺等，并分别测量或检验零件的外径、内径、深度、厚度以及螺纹的中径和齿轮的公法线长度等。

1. 外径百分尺的结构

各种百分尺的结构大同小异，常用外径百分尺是用以测量或检验零件的外径、凸肩厚度以及板厚或壁厚等（测量孔壁厚度的百分尺，其量面呈球弧形）。百分尺由尺架、测微头、测力装置和制动器等组成。图 1-63 是测量范围为 0~25mm 的外径百分尺。

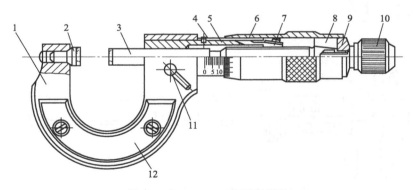

图 1-63   0~25mm 外径百分尺
1—尺架；2—固定测砧；3—测微螺杆；4—螺纹轴套；5—固定刻度套筒；6—微分筒；
7—调节螺母；8—接头；9—垫片；10—测力装置；11—锁紧螺钉；12—绝热板

2. 百分尺的测量范围

百分尺测微螺杆的移动量为 25mm，所以百分尺的测量范围一般为 25mm。为了使百分尺能测量更大范围的长度尺寸，以满足工业生产的需要，百分尺的尺架做成各种尺寸，形成不同测量范围的百分尺。目前，国产百分尺测量范围的尺寸（mm）分段为：0~25；25~50；50~75；75~100；100~125；125~150；150~175；175~200；200~225；225~250；250~275；275~300；300~325；325~350；350~375；375~400；400~425；425~450；450~

475；475～500；500～600；600～700；700～800；800～900；900～1000。

测量上限大于300mm的百分尺，也可把固定测砧做成可调式的或可换测砧，从而使此百分尺的测量范围为100mm。

测量上限大于1000mm的百分尺，也可将测量范围制成为500mm，目前国产最大的百分尺为2500～3000mm的百分尺。

五、万能角度尺

万能角度尺是用来测量精密零件内外角度或进行角度划线的角度量具，有游标量角器、万能角度尺等几种。

万能角度尺的读数机构，如图1-64所示。是由刻有基本角度刻线的尺座1，和固定在扇形板6上的游标3组成。扇形板可在尺座上回转移动（有制动器5），形成了和游标卡尺相似的游标读数机构。万能角度尺尺座上的刻度线每格1°。由于游标上刻有30格，所占的总角度为29°，因此，两者每格刻线的度数差是

$$1° - \frac{29°}{30} = \frac{1°}{30} = 2'$$

即万能角度尺的精度为2′。

万能角度尺的读数方法，和游标卡尺相同，先读出游标零线前的角度值，再从游标上读出角度"分"的数值，两者相加就是被测零件的角度数值。

在万能角度尺上，基尺4是固定在尺座上的，角尺2是用卡块7固定在扇形板上，可移动的直尺8是用卡块固定在角尺上的。若把角尺2拆下，也可把直尺8固定在扇形板上。由于角尺2和直尺8可以移动和拆换，万能角度尺可以测量0°～320°的任何角度。

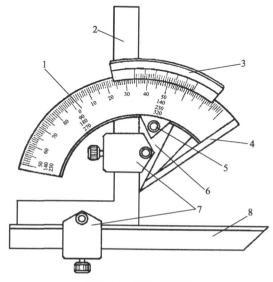

图1-64 万能角度尺
1—尺座；2—角尺；3—游标；4—基尺；5—制动器；
6—扇形板；7—卡块；8—直尺

任务五 操作面板结构组成和基本操作

目前，虽然数控操作系统种类繁多，但大部分的操作系统都是由两部分组成，即MDI面板和控制面板。MDI面板主要用来程序的输入，控制面板主要完成机床运行方式的转换从而对刀具参数进行设定。因此，初学者可以避开烦琐的功能介绍，先学习程序的录入和刀具参数的设定，快速进入加工阶段，在加工过程中丰富和加深对操作系统的认识。下面以FANUC 0i的操作面板为例进行说明。

一、操作面板结构组成

FANUC 0i铣床系统面板与其他系统的面板结构基本相同。如图1-65所示，FANUC 0i系统面板主要包括液晶显示器、MDI面板、"急停"按钮、功能键和机床控制面板。MDI面板和机床控制面板是各系统最常用的部分。

① 液晶显示器。显示器位于面板的左上角，主要显示软件的操作界面，以及显示加工时

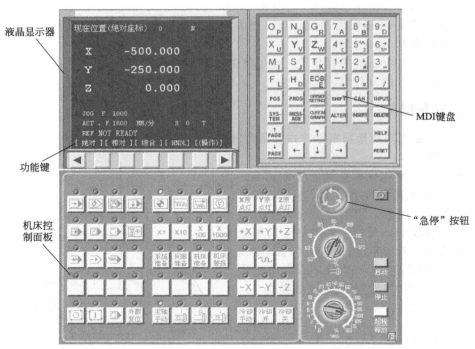

图 1-65　FANUC 0i 铣床系统面板

所需要的相关数据。

②　MDI 键盘。MDI 键盘主要作为系统的输入设备，完成程序输入、参数修改等工作。MDI 键盘区的各按键的功能见表 1-9。

表 1-9　MDI 键盘各按键的功能

MDI 按键	功　　能
	软键 ↑PAGE 实现左侧 CRT 中显示内容的向上翻页；软键 ↓PAGE 实现左侧 CRT 显示内容的向下翻页
	移动 CRT 中的光标位置 软键 ↑ 实现光标的向上移动；软键 ↓ 实现光标的向下移动；软键 ← 实现光标的向左移动；软键 → 实现光标的向右移动
	实现字符的输入 点击 SHIFT 键后再点击字符键，将输入右下角的字符。例如：点击 O_P 将在 CRT 的光标所处位置输入"O"字符，点击软键 SHIFT 后再点击 O_P 将在光标所处位置处输入"P"字符；软键 EOB_E 中的"EOB"将输入"；"号表示换行结束
	实现字符的输入 例如：点击软键 5 将在光标所在位置输入"5"字符，点击软键 SHIFT 后再点击软键 5 将在光标所在位置处输入字符"]"
POS	在 CRT 中显示坐标值

续表

MDI 按键	功　能
PROG	CRT 将进入程序编辑和显示界面
OFFSET SETTING	CRT 将进入参数补偿显示界面
SYS-TEM	系统参数的设置与修改
MESS-AGE	报警信息的显示
CUSTOM GRAPH	在自动运行状态下将数控显示切换至轨迹模式
SHIFT	输入字符切换键
CAN	删除单个字符
INPUT	将数据域中的数据输入到指定的区域
ALTER	字符替换
INSERT	将输入域中的内容输入到指定区域
DELETE	删除一段字符
HELP	帮助信息
RESET	机床复位

③ "急停"按钮。在操作过程中，初学者通常对程序的正确性、合理性了解不够，因此在操作过程中或多或少会出现问题，因此操作人员在加工过程中尽量将手靠近"急停"按钮，出现问题时可紧急按下此按钮，以免发生不必要的危险。

④ 功能键。功能键没有确定的功能内容，由于其功能是随着显示器显示内容的变化而改变的，因此通常称作软键。

⑤ 机床控制面板。机床控制面板是用手动操作控制机床工作状态的，主要包括自动、单段、手动、增量、回零等操作。机床控制面板中各按键、旋钮的功能见表 1-10。

表 1-10　机床控制面板中各按键、旋钮的功能

按键及旋钮	功　能
 ◇	编辑方式（EDIT）按钮 按下该键和 MDI 键盘中的 PROG 键后，可以对工件加工程序进行输入、修改、删除、查询、呼叫等

续表

按键及旋钮	功　能
	手动数据输入方式（MDI）按钮 　按下该键和 MDI 键盘中的 **PROG** 键后，可以输入一段较短的程序，然后，按循环启动按钮开始执行，执行完成后，程序消失
	自动运行方式（MEM）按钮 　该方式是按照程序的指令控制机床连续自动加工的操作方式。自动操作方式所执行的程序在循环启动前已装入数控系统的存储器内，所以，这种方式又称存储器运行方式
	回零按钮 　按下该按钮后，再分别按三个坐标轴的正方向，可实现机床回零
	手动操作方式（JOG）按钮 　在此方式下，按下相应的坐标轴按钮和方向按钮，能将工作台和主轴向所希望的方向目标位置移动。松开按钮，移动即停止。进给轴移动速率由进给倍率开关的位置决定
	手摇脉冲进给方式（HANDLE）按钮 　在这种方式下，选择相应的手轮轴及手摇倍率，操作者可以转动手摇脉冲发生器，令工作台和主轴移动
快速	**手动快速进给按钮** 　在手动方式下，选择相应坐标轴，然后同时按下该按钮和 **+** 或 **−** 中的一个，进给轴以快速移动。若只按 **+** 或 **−**，进给轴移动恢复成手动连续进给时速度
冷却 开　冷却 关	**冷却液开闭按钮** 　先按下 **冷却手动**，再按"冷却开"，指示灯亮，冷却泵通电工作。打开冷却液阀门，冷却液喷出。按一下"冷却关"，冷却液泵断电，冷却液关闭 　在自动或 MDI 运行时，若执行了冷却液开指令（M08），该指示灯也亮。执行了冷却液关指令（M09），则指示灯灭，冷却液关闭
	机床锁住按钮 　按下该按钮，指示灯亮，机床锁住功能有效。再按一次，指示灯灭，机床锁住功能解除 　在机床锁住功能有效期间，各伺服轴移动操作都只能使位置显示值变化，而机床各伺服轴位置不变。但主轴、冷却、刀架等其他功能照常
	空运行按钮 　试运行操作也称空运行，是在不切削的条件下试验、检查输入的工件加工程序的操作。为了缩短调试时间，在试运行期间的进给倍率被系统强制设置在最大值上 　按下该按钮，指示灯亮，试运行操作开始执行，再次按下该按钮，结束试运行状态
	程序跳步按钮 　按下该按钮，指示灯亮，程序段跳过功能有效。再按一下该按钮，指示灯灭，程序段跳过功能无效 　在自动操作方式下，在程序段跳过功能有效期间，凡是在程序段号"N"前冠以"/"符号的程序段，全部跳过不予执行。在程序段跳过功能无效期间，所有程序段全部照常执行
	单程序段按钮 　在自动方式下，按一下该按钮，指示灯亮，但程序段功能有效。再按一下该按钮，指示灯灭，单程序段功能撤销。在程序连续运行期间允许切换单程序段功能有效/无效 　在自动操作方式下单程序段功能有效期间，每按一次循环启动按钮，仅执行一段程序，执行完就停止，必须再按下循环启动按钮，才能执行下一段程序
	程序选择停按钮 　该按钮与程序中的 M01 指令配合使用，在程序执行到 M01 指令，且该按钮被按下时，指示灯亮，则程序停止。否则程序继续执行

按键及旋钮	功　　能
循环启动按钮	循环启动按钮 在自动操作方式和手动数据输入方式(MDI)下,都用它启动程序,在程序执行期间,其指示灯亮
进给保持按钮	进给保持按钮 在自动操作方式和手动数据输入方式(MDI)下,在程序执行期间,按下此按钮,指示灯亮,执行中的程序暂停。再按下循环启动按钮后,进给暂停按钮指示灯灭,程序继续执行
X Y Z + −	手动进给按钮 在手动方式下,按 X Y Z 中的任意键,指示灯亮后,再按 + 或 − 按钮,能使工作台或主轴向希望的目标方向移动
F0 25% 50% 100%	快速移动倍率 在 G00 快速移动时,按下"F0"按钮,移动速度最慢,其余三个按钮分别是最快速度的百分数
主轴手动	主轴操作按钮 在开机后输入"M03"和主轴转速的前提下,按下 主轴手动 按钮,然后再按主轴正传按钮,指示灯亮,主轴正转。按下主轴反转按钮,指示灯亮,主轴反转。按下主轴停止按钮,主轴正反转指示灯都灭,主轴停止转动 在自动或 MDI 方式下,执行主轴正转指令(M03)后,主轴正转的指示灯亮,主轴正转。执行反转指令(M04),主轴反转的指示灯亮,主轴反转。如果执行了主轴停止指令(M05),正转或反转的指示灯全灭,主轴停止
松紧刀允许 主轴紧刀 主轴松刀	主轴松刀、紧刀按钮 在手动方式,主轴停止状态下按 松紧刀允许 按钮,指示灯亮,然后按 主轴紧刀 或 主轴松刀 按钮可以实现主轴上刀具的拉紧与松开,实现手动换刀
进给倍率旋钮	进给倍率旋钮 在自动加工方式下,可通过此旋钮来调节进给速度的大小
主轴倍率旋钮	主轴倍率旋钮 调节主轴转速的大小

续表

按键及旋钮	功　　能
 启动	系统电源启动按钮 按下此按钮启动数控系统
 停止	系统电源关闭按钮 按下此按钮关闭系统电源
 超程 释放	超程释放按钮 按住此按钮不放，同时按下相应坐标轴移动按钮，消除超程报警
 ⊙	程序保护锁 将该锁的钥匙旋到"ON"位置，可对程序进行输入、修改、删除等操作。将该锁钥匙旋到"OFF"位置，无法对程序进行输入、修改、删除等操作
 ⟳	紧急停止按钮 在自动加工过程中，如果发生危险情况时，立即按下该按钮，机床的全部动作停止，且该按钮自锁。当险情或故障排除后，将该按钮顺时针旋转一个角度即可以复位弹开

二、操作面板基本操作

1. 电源通/断

（1）系统通电步骤

① 在通电之前，首先检查机床的外观是否正常。

② 如果正常，先将总电源合上。

③ 再将机床上的电源开关旋至"ON"的位置。

④ 按下机床控制系统面板上的绿色启动按钮  启动 ，数控系统启动，数秒后显示屏亮，显示有关位置和指令信息，此时机床通电完成。

（2）系统断电步骤

① 在加工结束之后，按下红色按钮  停止 ，数控系统即刻断电。

② 将机床的电源开关旋至"OFF"处。

③ 断开总电源开关即可。

2. 手动操作

（1）回零

采用增量式测量的数控机床开机后，都必须做回零操作，即返回参考点操作。通过该操作建立起机床坐标系。采用绝对测量方式的数控机床开机后，不必做回零操作。

首先检查各轴坐标读数，确保各轴离机械原点100mm以上，否则，不能进行原点回归，系统出现报警，如果距离不够，则需要在手动模式下移动机床各轴，使得满足以上要求，回零步骤如下。

① 按下回零按钮 ⊙ 。

② 按下 Z 向移动按钮 Z 。

③ 再按下手动正向进给按钮 ⊞ 。

④ 分别按下 X Y 和相应的手动正向按钮 ⊞ 。

⑤ 当机床原点指示灯 X原点灯 Y原点灯 Z原点灯 亮后，表示回零成功。

（2）手动连续进给

在手动操作模式 ⎘ 下，持续按下操作面板上的进给轴 X Y Z 及其方向选择按钮 ⊞ ⊟ ，会使刀具沿着所选方向连续移动。同时按下快速按钮 快速 ，使各轴实现快速移动。

（3）手轮进给

在手轮进给方式中，刀具或工作台可以通过旋转手摇脉冲发生器实现微量移动。使用手轮进给轴选择旋钮，选择要移动的轴，手摇脉冲发生器旋转一个刻度时，刀具移动的最小距离与最小输入增量相等。手摇脉冲发生器旋转一个刻度时，刀具移动的距离可以放大1倍、10倍、100倍。

操作步骤如下。

① 按下手轮方式选择按钮 ⊙ 。

② 旋转手摇脉冲发生器上的移动轴旋钮和倍率旋钮，使之处于相应的位置。

③ 以手轮转向对应的移动方向来旋转手轮，手轮旋转360°，刀具移动的距离相当于100个刻度的对应值。

（4）自动运行

用编程程序运行CNC机床，称为自动运行。自动运行分为存储器运行、MDI运行、DNC运行、程序再启动、利用存储卡进行DNC运行等。

① 存储器运行。程序事先存储到存储器中。当选择了这些程序中的一个，并按下机床操作面板上的循环启动按钮 ⊡ 后，启动自动运行。在自动运行中，机床控制面板上的进给保持按钮 ⊡ 被按下后，自动运行被临时终止，当再次按下循环启动按钮后，自动运行又重新进行。

当MDI面板上的复位键 被按下后，自动运行被终止，并且进入复位状态。

运行步骤：在按下 PROG 和编辑键 后，显示程序屏幕，输入程序号，按下软键〔O搜索〕，打开所要运行的程序；按下机床控制面板上的循环启动按钮 ⊡ 便可启动自动运行。

② MDI运行。在MDI运行方式中，通过MDI面板，可以编制最多10行的程序，程序格式和通常程序一样，在MDI方式中编制的程序不能被存储，MDI运行是用于简单的测试操作。

MDI运行操作步骤：按下MDI方式按钮，按下MDI操作面板上的 PROG 功能键，屏幕显示如1-66所示，界面中自动加入程序号"O0000"；用通常的程序编辑方式，编制一个要执行的程序，在程序段的结尾处加上"M99"，用以在程序执行完毕后，将控制返回到程序头。

为了执行程序，需将光标移到程序头（从中间点启动也是可以的），之后按下循环启动按钮 ⊡ ，程序启动运行。

当执行程序结束语句（M02或M30）或者执行ER（%）后，程序自动清除并结束运行。通过指令M99，控制自动回到程序的开头。

在中途停止或结束MDI操作的方法如下。

a.停止MDI操作。按下操作面板上的进给保持按钮 ⊡ ，进给保持按钮指示灯亮，程序暂

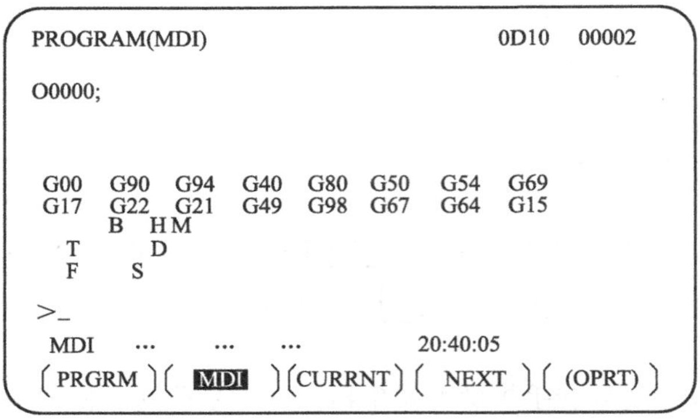

```
PROGRAM(MDI)                    0D10    00002

O0000;


G00   G90   G94   G40   G80   G50   G54   G69
G17   G22   G21   G49   G98   G67   G64   G15
            B   HM
     T            D
     F       S

>_
 MDI      …       …       …        20:40:05
[ PRGRM )(  MDI  )(CURRNT)(  NEXT  )( (OPRT) )
```

图 1-66   MDI 界面

停。再次按下循环启动按钮⬛，机床的运行被重新启动。

b. 结束 MDI 操作。按下 MDI 面板上的复位按钮⬛，自动运行结束，并进入复位状态。

3. 程序管理操作

（1）程序的创建

按下编辑按钮⬛，然后按下程序按钮⬛，屏幕将显示程序内容页面。输入以字母"O"开头后接 4 位数字的程序编号（如"O0010"），按插入按钮⬛，即可创建由该程序编号命名的程序。

（2）程序的录入

当创建程序完成后，系统自动进入程序录入状态，此时可按字母、数字键，然后按插入键⬛，即可将字母、数字插入到当前程序的光标之后。

当输入有误，在未按插入键⬛之前，可以按⬛键，删除错误输入。

当输入完成一段程序后，按分号键⬛后，再按插入键⬛，则之后输入的内容自动换行。

（3）程序的修改

① 程序字的插入。按⬛和⬛用于翻页，按方位键⬛⬛⬛⬛移动光标。将光标移到所需位置，点击 MDI 键盘上的数字/字母键，将代码输入到缓冲区内，按⬛键，把缓冲区的内容插入到光标所在代码后面。

② 删除字符。先将光标移到需删除字符的位置处，按⬛键，删除光标所在的代码。

③ 字符替换。先将光标移到需替换字符的位置处，将替换后的字符通过 MDI 键盘输入到缓冲区内，按⬛键，把缓冲区内的内容替代光标所在处的代码。

④ 字符查找。输入需要搜索的字母或代码，然后按 CURSOR 的向下键⬛，开始在当前数控程序中光标所在位置后搜索。（代码可以是一个字母或一个完整的代码，例如"N0010""M"等。）如果此数控程序中有所搜索的代码，则光标停留在找到的代码处；如果此数控程序中光标所在位置后没有所搜索的代码，则光标停留在原处。

（4）程序的删除

按下编辑按钮⬛，然后按下程序按钮⬛，屏幕将显示程序内容页面，然后利用软件 LIB 查看已有程序列表，利用 MDI 键盘键入要删除的程序编号（如"O0010"），按⬛键，程序即被删除。

删除全部数控程序：利用 MDI 键盘输入"O9999"，按⬛键，全部数控程序即可被删除。

（5）打开或切换不同的程序

按下程序按钮⬛键，在编辑⬛模式下，键入要打开或切换的程序编号，然后，按 CURSOR 向下键⬛，或在软件上输入"O"然后按"搜索"键，即可打开或切换。

4. 刀补值的输入

在程序输入完成后，要进行刀补值的输入。

按下 MDI 操作面板上的设置/偏置键 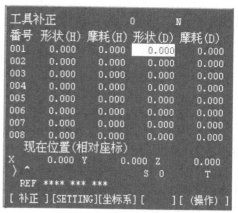，CRT 将进入参数补偿设置界面，如图 1-67 所示。

对应不同刀号在形状（H）一列中输入长度补偿值，在形状（D）一列中输入刀具半径补偿值。可将刀具在长度和半径方向的磨损量输入摩耗（H）和摩耗（D）中，以修正刀具的磨损，也可在精加工时，通过调整摩耗量来保证精加工的尺寸精度。

5. 程序的检查调试

在实际加工之前要对录入的程序进行全面检查，以检查机床是否按编好的加工程序进行工作。检查调试的方法主要利用机床锁住功能进行图形模拟、空运行和单段运行。

（1）图形模拟

图 1-67 参数补偿设置界面

同时按下机床操作面板上的机床锁住按钮 和 MDI 操作面板上的图形模拟按钮 ，机床进入图形模拟状态。此时，在自动运行模式下按循环启动按钮，刀具、工作台不再移动，但显示器上沿每一轴的运动位移在变化，即在显示器上显示出了刀具运动的轨迹。通过这种操作，可检查程序的运动轨迹是否正确。

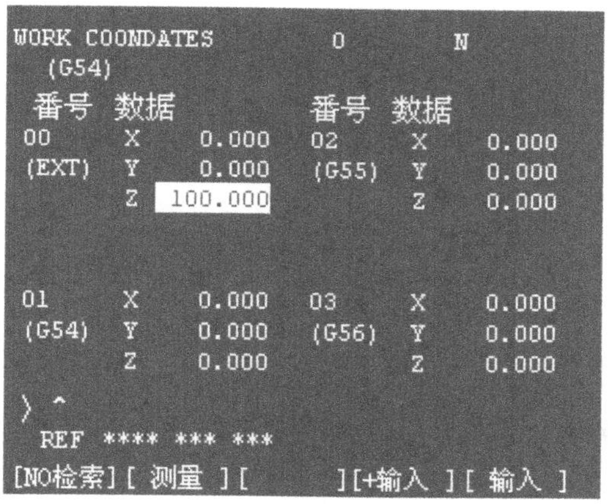

（2）空运行

在自动运行模式下，按下空运行按钮 ，机床进入空运行状态，刀具按参数指定的速度快速移动，而与程序中指令的进给速度无关。该功能可快速检查刀具运动轨迹是否正确。

在此状态下，刀具的移动速度很快，因此，应在机床未装工件或将刀具抬高一定高度的情况下进行。将工件抬高一定的高度，可在机床坐标系设置界面中，将公共坐标系（EXT）的 Z 轴中输入"100.000"，如图 1-68 所示。

（3）单段运行

图 1-68 坐标系设置界面

按下单段运行按钮 ，机床进入单段运行方式。在单段运行方式下，按下循环启动按钮后，刀具在执行完程序中的一段程序后停止，再次按下循环启动按钮，执行完下一段程序后，刀具再次停止。通过单段运行方式，使程序一段一段地执行，以此来检查程序是否正确。

任务六　机床坐标系和对刀操作训练

对刀的目的是确定出工件坐标系原点在机床坐标系中的位置，即将对刀后的数据输入到 G54～G59 坐标系中，在程序中调用该坐标系。G54～G59 是该原点在机床坐标系的坐标值，它储存在机床内，无论停电、关机或者换班后，它都能保持不变。同时，通过对刀可以确定加工刀具和基准刀具的刀补，即通过对刀确定出加工刀具与基准刀具在 Z 轴方向上的长度差，以确定其长度补偿值。

刀点和换刀点的选择主要根据加工操作的实际情况，考虑在保证加工精度的同时，使操作简便。

一、坐标系

为便于编程时描述机床的运动，简化程序的编制方法及保证记录数据的互换性，数控机床的坐标和运动方向都已标准化。

1. 坐标系的确定原则

① 刀具相对于静止的工件而运动的原则，即总是把工件看成是静止的，刀具作加工所需的运动。

② 标准坐标系（机床坐标系）的规定：在数控机床上，机床的运动是由数控装置来控制的，为了确定机床上的成形运动和辅助运动，必须先确定机床上运动的方向和运动的距离，这就需要机床坐标系来实现。

标准的机床坐标系采用右手笛卡儿直角坐标系。它用右手的大拇指表示 X 轴，食指表示 Y 轴，中指表示 Z 轴，三个坐标轴相互垂直，即规定了它们之间的位置关系。如图 1-69 所示。这三个坐标轴与机床的各主要导轨平行。A、B、C 分别是绕 X 轴、Y 轴、Z 轴旋转的角度坐标，其方向遵从右手螺旋定则，即右手的大拇指指向直角坐标的正方向，其余四指的绕向为角度坐标的正方向。

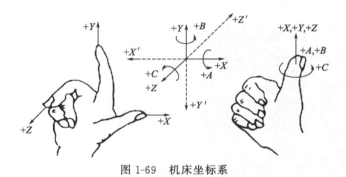

图 1-69　机床坐标系

③ 运动方向　数控机床的某一部件运动的正方向，是增大工件与刀具之间距离的方向。

2. 坐标轴的确定方法

（1）Z 坐标的确定

Z 坐标是由传递切削力的主轴所规定的，其坐标轴平行于机床的主轴。

（2）X 坐标的确定

X 坐标一般是水平的，平行于工件的装夹平面，是刀具或工件定位平面内运动的主要坐标。对卧式铣（镗）床或加工中心来说，从主要的刀具主轴方向看工件时，X 轴正方向向右；对单立柱的立式铣（镗）床或加工中心来说，从主要的刀具主轴看立柱时，X 轴的正方向向右；对双立柱（龙门式）铣（镗）床或加工中心来说，从主要的刀具主轴看左侧立柱看时，X 轴正方向向右。

（3）Y 坐标的确定

确定了 X、Z 坐标后，Y 坐标可以通过右手笛卡儿直角坐标系来确定。

图 1-70 是立式数控铣床和卧式数控铣（镗）床的坐标示意图，读者可以参考以上坐标轴的确定规则自己判断。

3. 机床坐标系

确定了坐标轴的方位，还必须确定原点的位置，才能确定一个坐标系。数控加工中涉及三

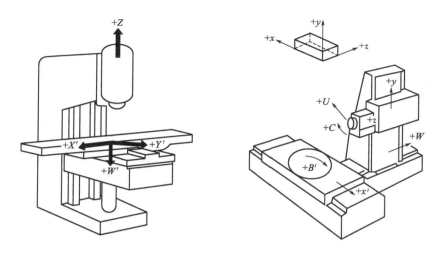

(a) 立式数控铣床的坐标轴　　　　　　(b) 卧式数控铣(镗)床的坐标轴

图 1-70　数控铣床坐标示意图

个坐标系，分别是机床坐标系、加工坐标系和编程坐标系，对同一台机床来说，这三个坐标系的坐标轴都相互平行，只是原点位置不同。机床坐标系的原点设在机床上的一个固定位置，它在机床装配、安装、调整好后就确定下来了，是数控加工运动的基准参考点。在数控铣床或加工中心上，它的位置取在 X、Y、Z 三个坐标轴正方向的极限位置，通过机床运动部件的行程开关和挡铁来确定。数控机床每次开机后都要通过回零运动，使各坐标方向的行程开关和挡铁接触，使坐标值置零，以建立机床坐标系。

4. 编程坐标系

编程人员在编程时，需要把零件的尺寸转换为刀具运动的坐标，这就要在零件图样上确定一个坐标原点，这个坐标原点就是编程原点，它所决定的坐标系就是编程坐标系。其位置没有统一的规定，确定原则是以利于坐标计算为准，同时尽量做到基准统一，即使编程原点与设计基准、工艺基准统一。

5. 工件坐标系

工件坐标系实际上是编程坐标系从图纸上往零件上的转化，编程坐标系是在纸上确定的，工件坐标系是在工件上确定的。如果把图纸蒙在工件上，两者应该重合。数控程序中的坐标值都是按编程坐标计算的，零件在机床上安装好后，刀具与编程坐标系之间没有任何关系，如何知道程序中的坐标所对应的点在工件上什么位置呢？这就需要确定编程原点在机床坐标系中的位置，通过工件坐标系把编程坐标系与机床坐标系联系起来，刀具就能准确地定位了。

如图 1-71(b) 所示的工件，编程坐标系原点取在 O_3 点，工件装到工作台上后，如图 1-71(a) 所示，通过回零操作，把机床坐标系原点建立在 O_1 点，要使刀具正确加工零件，必须把工件坐标系原点建立在图示的 O_2 点，O_2 点在机床坐标系中的位置通过对刀获得。假

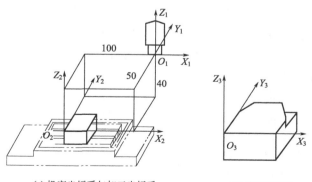

(a) 机床坐标系与加工坐标系　　　　(b) 编程坐标系

图 1-71　机床坐标系、编程坐标系和加工坐标系

设通过对刀，得到 O_2 点与 O_1 点间的距离为 X 方向 100mm，Y 方向 50mm，Z 方向 40mm，则可通过 G54 指令或 G92 指令把加工坐标系原点建立在 O_2 点，即指明了编程坐标系在机床坐标系中的位置。

二、对刀点的选择

在加工时，要正确执行加工程序，必须确定零件在机床坐标中的确切位置。对刀点是零件在机床上定位装夹后，设置在零件坐标系中，用于确定零件坐标与机床坐标系空间位置关系的参考点。在工艺设计和程序编制时，应以操作简单、对刀误差小为原则，合理设置对刀点。

对刀点可以设置在零件上，也可以设置在夹具上，但都必须在编程坐标系中有确定的位置，如图 1-72 所示的 x_1 和 y_1。对刀点可以与编程原点重合，也可以不重合，这主要取决于加工精度和对刀的方便性。当对刀点与编程原点重合时，$x_1 = 0$，$y_1 = 0$。

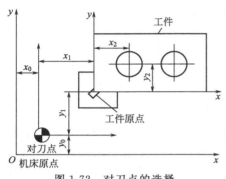

图 1-72　对刀点的选择

为了保证零件的加工精度要求，对刀点应尽可能选在零件的设计基准或工艺基准上。以零件上孔的中心点或两条相互垂直的轮廓边的交点作为对刀点较为合适，但应根据加工精度对这些孔或轮廓面提出相应的精度要求，并在对刀之前准备好。有时零件上没有合适的部位，也可以加工出工艺孔用来对刀。

确定对刀点在机床坐标系中位置的操作称为对刀。对刀的准确程度将直接影响零件加工的位置精度，因此，对刀是数控机床操作中的一项重要且关键的工作。对刀操作一定要仔细，对刀方法一定要与零件的加工精度要求相适应，生产中常使用一些对刀辅助工具，如塞尺、寻边器和对刀仪等，具体在后面详细介绍。

无论采用哪种工具，利用机床的坐标显示确定对刀点在机床坐标系中的位置，从而确定零件坐标系在机床坐标系中的位置。简单地说，对刀就是告诉机床工作台在什么地方。

三、对刀方法

根据工件表面是否已经被加工，可将对刀分为试切法对刀和借助于仪器或量具对刀两种方法。

1. 试切法对刀

试切法对刀适用于尚需加工的毛坯表面或加工精度要求较低的场合。具体操作步骤如下。

① 首先启动主轴。按下按钮机床操作面板上的 MDI 按钮 ▣ 和数控操作面板上的程序按钮 ▣，输入"M03 S800"，然后按下循环启动按钮 ▣，主轴开始正转。

② 按下手动操作按钮 ▣，然后通过操作按钮 X Y Z + −，将刀具移动到工件附近，并在 X 轴方向上使刀具离开工件一段距离，Z 轴方向上使刀具移动到工件表面以下，然后换用手轮将刀具慢慢移向工件的左表面，当刀具稍稍切到工件时，停止 X 方向的移动。此时，按下数控操作面板上的位置功能键 ▣，显示出机床的机械坐标值，并记录该数值。

将刀具离开工件左边一定距离，抬刀，移至工件的右侧，再下刀，在工件的右表面再进行一次试切，并记录下该处的机械坐标值。将两处的机械坐标值相加再除以 2，就得到该工件的中心坐标的机械坐标值，将所得的值输入到 G54 的 X 坐标中即可。

也可通过测量得到 X 的坐标值。当刀具在工件左边试切后，将相对坐标值中的 X 值归零，然后再在工件右边试切一次。此时，得到 X 轴的相对坐标值，将该值除以 2，就得到了

工件在 X 轴上的中点相对坐标值，此时，将刀具抬起，移向工件中点，当到达工件该相对坐标值时，停止移动。将光标移动到 G54 的 X 坐标上，输入"X0"，按下"测量"软键，X 的机械坐标值就输入到 G54 的 X 坐标中。

③ 用同样方法分别试切工件的前后表面，可到工件的 Y 坐标值。

④ X、Y 轴对好后，再对 Z 轴。将刀具移向工件上表面，在工件上表面上试切一下，此时，Z 轴方向不动，读取 Z 向的机械坐标值，输入到 G54 的 Z 坐标中。或者输入"Z0"，然后按软键"测量"即可。

以上坐标系是建立在工件的中心，但在实际加工时，通常为了编程的方便和检查尺寸便利等原因，将坐标系建立在某个特定的位置。此时，同样用中心先对好位置，再移到指定的偏心位置，并把此处的机械坐标值输入 G54 中，即可完成坐标系的建立。为避免出错，最好将中心位置的相对坐标系设置为零，然后再进行移动。

如果工件坐标系设置在工件的某个角上，则在 X、Y 方向对刀时，只需试切相应的一个表面即可。但此时应注意在输入相应的机械坐标值时，应加上或减去刀具的半径值。

2. 借助仪器或量具对刀

在实际加工中，一些较精密零件的加工精度往往控制在几微米之内，试切对刀法不能满足精度要求；有的工件表面已经进行了精加工，不能对工件表面进行切削，无法采用试切对刀方法，因而常借助仪器和量具进行对刀。

（1）使用光电式寻边器对刀

光电式寻边器如图 1-73 所示。

将光电寻边器安装到刀柄上，然后装到到主轴上，利用手轮控制，使光电寻边器以较慢的速度移向工件的测量表面，当顶端的圆球接触到工件的某一对刀表面时，整个机床、寻边器和工件之间便形成一条闭合的电路，光电寻边器上的指示灯亮，并发出声音。其具体操作步骤、数值记录和录入与试切法对刀的原理相同，所不同的是这种对刀方法对工件没有破坏作用，并且利用了光电信号，提高了对刀精度。

（2）机械式偏心寻边器对刀

机械式偏心寻边器如图 1-74 所示。

图 1-73　光电式寻边器

图 1-74　机械式偏心寻边器

其结构分为上下两段，中间有孔，内有弹簧，通过弹簧拉力将上下两段紧密结合到一起。

将寻边器安装到刀柄上，并装到主轴上，让主轴以 200～400r/min 的转速转动，此时，在离心力作用下，寻边器上下两部分是偏心的，当用寻边器的下部分去碰工件的某个表面时，在接触力的作用下，寻边器的上下两部分将逐渐趋向于同心，同心时的坐标值即为对刀值。具体操作步骤、数值记录和录入与试切对刀法相同。

上述两种方法只适用于 X 向和 Y 向的对刀，Z 向可采用对刀块对刀。仪器的灵敏度在 0.005mm 之内，因而，对刀精度可以控制在 0.005mm 之内。使用机械式偏心寻边器时，主轴转速不宜过高。转速过高，离心力变大，会使寻边器内的弹簧拉长而损坏。

3. 使用对刀块或 Z 轴设定器进行 Z 向对刀

X 向和 Y 向可采用以上方法对刀，Z 向可采用对刀块对刀、Z 轴设定器对刀。对刀块通常是高度为 100mm 的长方体，用热变形系数较小、耐磨、耐蚀的材料制成，Z 轴设定器又分为光电式和指针式两种，如图 1-75 和图 1-76 所示。

图 1-75　光电式 Z 轴设定器

图 1-76　指针式 Z 轴设定器

利用对刀块进行 Z 向对刀时，主轴不转，当刀具移到对刀块附近时，改用手轮控制，沿 Z 轴一点点向下移动。每次移动后，将对刀块移向刀具和工件之间，如果对刀块能够在刀具和工件之间轻松穿过，说明间隙太大，如果不能穿过，则间隙过小。反复调试，直到对刀块在刀具和工件之间能够穿过，且感觉对刀块与刀具及工件有一定摩擦阻力时，间隙合适。然后读出此时的 Z 轴的机械坐标值，减去"100"后，输入图 1-68 的 Z 坐标中，Z 向对刀完成。Z 轴设定器对刀方法和对刀块一样，精度更高。

除去以上方法外，还可利用塞尺对刀。对于圆柱形坯料，有的还可借助百分表对刀。

任务七　安全操作规程和日常保养维护

数控铣床/加工中心操作规程是保证操作人员人身安全和设备安全的重要措施，操作人员必须严格按照操作规程进行正确操作。

一、安全操作基本注意事项

① 进入实训场地，要穿好工作服，戴好工作帽及防护镜，不允许戴手套操作，禁止穿凉鞋、拖鞋、裙子等。

② 学生必须在教师指导下进行机床操作，同一铣床两人以上实习时，只能由一人操作控制面板。

③ 操作铣床/加工中心时，思想要集中，操作人员不允许擅自离开，必须停机后方可离开。

④ 不得移动或损坏安装在机床上的警告标牌。

⑤ 机床加工时，不可调整刀具、测量工件尺寸或靠近旋转的刀具和工件。

⑥ 首次加工运行程序前，必须经过指导教师检查并同意方可进行加工。

⑦ 工作场地要保持整洁，刀具、工具、量具要分别放在规定位置，机床床面上禁止放任何物品。

二、加工前的注意事项

① 查看工作现场是否存在可能造成安全的因素，若存在应及时排除。

② 按数控铣床/加工中心启动顺序开机，查看机床是否显示报警信息。

③ 数控铣床/加工中心通电后，CNC 单元尚未出现位置显示和报警画面之前，不要碰 MDI 面板上的任何按键。开机完成后，检查各开关、按钮和按键是否正常、灵活，数控铣床/加工中心有无异常现象。

④ 检查液压系统、润滑系统油标是否正常，检查冷却液容量是否正常，按规定加好润滑油和冷却液。

⑤ 各坐标轴手动回参考点。回参考点时要注意，不要和机床上的工件、夹具等发生碰撞。若某轴在回参考点前已处于参考点位置附近，必须先将该轴手动移动到距离参考点 100mm 以外的位置，再进行回参考点操作。

⑥ 为使机床达到热平衡状态，必须使数控铣床空运转 15min 以上。

⑦ 按照要求正确安装刀具，并检查刀具运动是否正常，通过对刀，正确输入刀具补偿值，并认真核对。

⑧ 数控加工程序输入完毕后，应认真校对，确保无误。并进行模拟加工。

⑨ 正确测量和计算工作坐标系，并对所得结果进行验证。

⑩ 手轮进给和手动连续进给操作时，必须检查各种开关所选择的位置是否正确。弄清正负方向，认准按键，然后再进行操作。

三、加工中的注意事项

① 首次试切加工，应采用单段运行方式进行加工。

② 自动运行开始时，快速倍率、进给倍率开关置于最低挡，切入工件后再加大倍率。

③ 在运行数控加工程序中，要重点注意数控系统上的坐标显示。

④ 禁止用手接触刀具和切屑，切屑必须用毛刷来清理。

四、加工完成后的注意事项

① 清除切屑，擦拭机床，整理工作现场。

② 在手动方式下，将各坐标轴置于数控机床行程的中间位置。

③ 按关机顺序关闭数控铣床和总电源。

④ 将刀具、量具、工具放在指定位置。

五、日常维护和保养

数控铣床和加工中心是集机、电、液于一体，自动化程度高、结构复杂且价格昂贵的先进设备，为充分发挥其效益，必须做好日常性的维护和保养工作，使数控系统少出故障，即设法提高系统的平均无故障时间。数控铣床和加工中心。主要的维护和保养工作如下。

① 数控铣床和加工中心操作人员应熟悉所用设备的机械、数控装置、液压、气动等部分以及规定的使用环境（加工条件）等，并要严格按机床及数控系统使用说明手册的要求正确合理使用，尽量避免因操作不当而引起故障。例如，对操作人员，必须了解机床的行程大小、主轴的转速范围、主轴驱动电动机的功率、工作台面大小、工作台承载能力大小、机动进给时的速度、ATC 所允许的最大刀具尺寸、最大刀具重量等。

② 在操作前必须确认主轴润滑油和导轨润滑油是否符合要求。如果润滑油不足，应按要求的牌号、型号适当补充。同时，要确认气压压力是否正常。

③ 如果数控装置的空气过滤器灰尘积累过多，会使柜内冷却空气流通不畅，引起柜内温度过高而使系统不能可靠工作。因此，应根据周围环境状况，定期检查清扫。电气柜内电路板和电气件上有灰尘、油污时，也应及时清扫。

④ 定期检查电气部件，检查各插头、插座、电缆、各继电器的触点是否出现接触不良、短线和短路等故障，并及时排除。

⑤ 定期更换存储器电池。零件程序、偏置数据和系统参数存在控制单元的 CMOS 存储器中，分离型绝对脉冲编码器的当前位置信息等内容，在关机时靠电池供电保持，当电池电压降到一定值时，可能会造成参数丢失，因此，要定期检查电池电压。更换电池时一定要在数控系统通电状态下进行。

⑥ 长期不用的数控机床的保养。在数控系统长期闲置不用时，应经定期给数控系统通电，在机床锁住的情况下，使其空运行。在空气湿度较大的梅雨季节应该天天通电，利用电气元件本身发热驱走数控电气柜内的潮气，以保证电子元器件的性能稳定可靠。

日常检查要求汇总于表 1-11。

表 1-11　日常检查要求

周期	检查项目	检查要求
每天	导轨润滑油箱	检查油量，及时添加润滑油，检查润滑油泵是否定时启动打油及停止
每天	主轴润滑系统	工作是否正常，油量是否充足，油温是否合适
每天	机床液压系统	工作油面高度是否合适，压力表指示是否正常，管路及各接头有无泄漏，过滤器是否清洁等
每天	气压系统	气动控制系统压力是否在正常范围之内
每天	各防护装置	机床防护罩是否齐全有效
每天	电气柜散热通风装置	各电气柜中的冷却风扇是否工作正常、风道过滤网有无堵塞，及时清理过滤器
每周	机床移动部件	清除铁屑及外部杂物，检查机床各移动部件运动是否正常
每月	电源电压	测量电源电压是否正常，并及时调整
每季度	机床精度	按说明书中的要求，检查机床精度、机床水平，并及时调整
每半年	液压系统	清洗溢流阀、减压阀、滤油器、油箱，更换新油
每半年	主轴润滑系统	清洗过滤器、油箱，更换润滑油
每半年	冷却液压油泵过滤器	清洗冷却油池，更换过滤器
每半年	滚珠丝杠	清洗滚珠丝杠上的旧润滑脂，涂上新润滑脂

课后练习 <<<

在老师指导下，反复进行面板操作和对刀操作，直到能够熟练、准确地、进行独立操作为止。

知识拓展

企业现场管理 6S（HSE）制度

20 世纪，日本丰田公司提出倡导并实施"5S"管理，1987 年中国企业开始引进"5S"管理。2000 年，我国将"安全"纳入"5S"管理内容中，形成了今天的"6S"管理。"6S"指的是整理、整顿、清扫、清洁、素养及安全这 6 项。"6S"管理是在生产现场中对人员、机器、材料、行为、环境等生产要素进行有效管理的一种方法。

整理（SEIRI）：就是按物品的使用频率，以取用方便，尽量把寻找物品时间缩短为零秒为目标，将人、事、物在空间和时间上进行合理安排，这是开始改善现场的第一步，也是"6S"中最重要的一步。如果整理工作没做好，以后的4个"S"便不牢靠。这项工作的重点在于培育心理强度，坚决将现场不需要的物品彻底清理出去。现场没有不常用物，行道畅通，减少了磕碰和可能的错拿错用，这样既可以保证工作效果，还可以提高工作效率，更重要的是可以保障现场的工作安全。所以有的公司就提出口号：效率和安全始于整理！

整顿（SEITON）：在整理的基础上再把需要的人、事、物加以定量和定位，创造一个一目了然的现场环境。将现场物品按照方便取用的原则进行合理摆放后，操作中的对错便能更易于控制和掌握，有利于提高工作效率，保证产品品质，保障生产安全。

清扫（SEISO）：认真进行现场、设备仪器和管道的卫生清扫工作，在一个干干净净的环境中，通过设备点检、管道巡视，异常现象便能迅速被发现并得到及时处理，使之恢复正常，这是发现和治理安全隐患的重要方法，也是"安全第一，预防为主"方针的最好落实和贯彻。清扫工作之所以如此必要，是因为在生产过程中产生的灰尘、油污、铁屑、垃圾等，会使现场变脏、设备管道污染，导致设备精度降低，故障多发，影响产品质量，使安全事故防不胜防；脏的现场更会影响员工的工作情绪，产生懈怠麻痹思想，认真不够，操作失误，排障不彻底、不及时，导致安全事故的发生。因此，必须通过清扫活动来清除脏污，营造一个明快、舒畅、高效率的工作现场。

清洁（SEIKETSU）：为保持维护整理、整顿、清扫的成果，使现场保持安全生产的适宜状态，引入"清洁"概念，即是通过将前三项活动的制度化来坚持和深入现场的管理改善，从而更进一步地消除发生安全事故的根源，即为"治本"，以创造一个人本至上的工作环境，使员工能愉快无忧地工作。

安全（SAFETY）：以HSE管理体系，执行行为准则，建立安全的工厂、科学的管理、安全的设备、安全的工作行为。安全就是消除工作中的一切不安全因素，杜绝一切不安全现象，也就是要求在工作中严格执行操作规程，严禁违章作业，时刻注意安全，时刻注重安全。

素养（SHITSUKE）：素养即平日之修养，指正确的待人接物处事的态度。实验得出结论：一种行为被多次重复就有可能成为习惯。通过制度化的现场管理改善推进，规范员工行为，培养良好职业风范，并辅以自觉自动工作生活的文化宣传，达到全面提升员工素养的目的。

项目二

平面铣削编程和加工

学习目标

- 掌握G90、G54、G00、G01等准备功能代码的含义；
- 掌握M03、M02、M30等辅助功能和F、S、T指令的含义；
- 能够利用所学代码编制出简单程序；
- 能够确定出平面的铣削加工工艺；
- 能够运用自动加工功能独立完成平面的加工；
- 能够对加工零件进行测量。

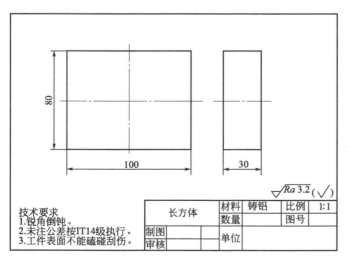

技术要求
1. 锐角倒钝。
2. 未注公差按IT14级执行。
3. 工件表面不能磕碰刮伤。

长方体		材料	铸铝	比例	1:1
		数量		图号	
制图		单位			
审核					

$\sqrt{Ra\,3.2}$（√）

图 2-1　长方体

工作任务

平面是组成零件的最基本要素，平面铣削加工是数铣实训中需要首先掌握的最基本的操作技能。平面加工主要保证平面度和表面粗糙度。本项目以铣削方形毛坯的六个表面为例，介绍了数控程序的编制、数铣刀具材料及选用、基本量具的使用、常用指令的含义及格式等内容，为复杂零件的编程和加工奠定基础。

如图 2-1 所示，毛坯是 105mm×85mm×35mm 铸铝件，本任务要求加工毛坯的六个表面，保证最后尺寸为 100mm×80mm×30mm，同

时保证表面粗糙度值。

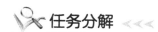
任务分解 <<<

任务一 数控编程步骤和程序格式

一、数控编程的步骤

数控编程是数控加工的重要步骤。用数控机床对零件进行加工时，先对零件进行加工工艺分析，以确定加工方法、加工工艺路线；正确地选择数控机床刀具和装夹方法；然后，按照加工工艺要求，根据所用数控系统规定的指令代码及程序格式，将刀具的运动轨迹、位移量、切削参数及辅助功能编写成加工程序单，传送或输入数控装置中，由数控系统控制数控机床自动进行加工。从分析零件图样开始到获得正确的程序载体为止的全过程，称为零件加工程序的编制，简称为编程。

数控编程的步骤如下。

（1）分析工件图样

通过对工件的材料、形状、尺寸、精度及毛坯形状和热处理进行分析，确定该工件是否适宜在数控机床上加工，或适宜在哪台数控机床上加工，由于数控机床具有加工精度高、适应性强的特点，一些批量较小、形状较复杂，精度要求高的工件，特别适合在数控机床上加工。

（2）确定工艺过程

在确定加工工艺过程时，编程人员要根据图样对工件的形状、尺寸、技术要求、毛坯等进行详细分析，从而选择加工方案，确定加工顺序、加工路线、定位夹紧方式，并合理选用刀具和切削用量等。制定数控加工工艺除考虑一般工艺原则外，还应考虑充分利用数控机床的指令功能，充分发挥机床的效能；加工路线要短，要正确地选择对刀点、换刀点，减少换刀次数。

（3）数值计算

根据零件的几何尺寸、进给路线及设定的工件坐标系，计算工件粗、精加工刀具各运动轨迹关键点的坐标值。对于形状简单的零件的轮廓加工，需要计算出几何元素的起点、终点、圆弧的圆心、两几何元素的交点或切点的坐标值。对于形状比较复杂的零件（如非圆曲线、曲面组成的零件），需用直线段或圆弧段逼近，计算出逼近线段的交点坐标值。由于计算复杂，一般借助计算机和一些绘图软件来完成数值的计算工作。

（4）编写程序单

根据计算出的运动轨迹坐标值和已确定的进给路线、刀具参数、切削参数、辅助动作等，按照数控系统规定的功能指令代码及程序段格式，逐段编写加工程序单。在程序段之前加上程序的顺序号，在其后加上程序段结束标志符号，并附上必要的加工示意图、刀具布置图、零件装夹图和有关的工艺文件。

（5）制备控制介质

将程序单的内容记录在控制介质上，作为数控装置的输入信息。若程序简单，也可直接通过键盘输入。

（6）程序检验与试切削

程序单和制备好的控制介质必须经过校验和零件试切削后才能正式使用。通常的方法是将控制介质上的内容，直接输入数控装置进行机床空运转检查或图形模拟检查，以检查机床运动轨迹的正确性。在运动轨迹检查无误后，还必须进行工件的首件试切。当发现错误时，应进一步分析找到错误的原因，修改程序单或调整刀具补偿尺寸，直到符合图纸规定的精度要求为止。

二、数控编程的方法

目前零件加工程序编制主要采用以下两种方法：手工编程和自动编程

手工编程是指从分析零件图样、确定加工工艺过程、数值计算、编写零件加工程序单、制备控制介质到程序校验，都是由人工完成。这种方式比较简单，容易掌握，适用于零件形状较简单或中等复杂程度、计算量不大的零件的编程。对数控操作人员来说手工编程是必须掌握的。

自动编程就是利用计算机专用软件编制数控加工程序，适用于曲线轮廓、三维曲面等复杂型面，用手工编程无法完成或很难完成的零件的编程。

自动编程又分为 ATP 语言自动编程和 CAD/CAM 自动编程。

ATP 语言自动编程是指把用 ATP 语言书写的零件加工程序输入计算机，经计算机的 ATP 语言编程系统编译产生刀位文件，然后，进行数控后置处理，形成数控系统能够接受的零件数控加工程序。

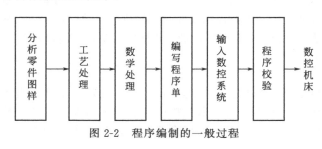

图 2-2　程序编制的一般过程

CAD/CAM 自动编程是指利用 CAD/CAM 技术进行零件设计、分析和造型，并通过后置处理，自动生成加工程序，经过程序校验和修改后，形成加工程序。该方法适应面广、效率高、程序质量好，适用于各类柔性制造系统（FMS）和集成制造系统（CIMS）。

程序编制的一般过程如图 2-2 所示。

三、加工程序的结构和格式

数控加工中，为使机床运行而送到 CNC 的一组指令称为程序。每一个程序都是由程序号、程序内容和程序结束三部分组成：

```
O0001;                              程序号
G90 G54 G00 X10.0 Y10.0 Z100.0;     程序段
M03 S800;                           程序段
Z3.0;                               程序段
G01 Z-5.0 F80;                      程序段
…                                   …
M30;                                程序结束
```

① 程序号。程序号为程序的开始部分，为了区别存储器中的程序，每个程序都要有程序号。在 FANUC 系统中，采用英文字母 "O" 作为程序编码地址。

② 程序内容。程序内容是整个程序的核心，由许多程序段组成。程序段又由若干字组成，每一个字由字母（地址符）和数字组成。也就是说，字母和数字组成字，字组成程序段，程序段组成程序。

③ 程序结束。以程序结束指令 M02 或 M30 作为整个程序结束的符号，来结束整个程序。

程序段格式，即一个程序段中字的排列书写方式和顺序，以及每个字和整个程序段的长度限制和规定。不同的数控系统往往有不同的程序段格式，程序段格式不符合规定，则数控系统不能接受。程序段格式主要有三种，即固定顺序程序段格式、使用分隔符的程序段格式和字地址程序段可变格式。现代数控机床系统广泛采用的程序段格式是字地址程序段可变格式。

字地址程序段可变格式由程序段号字、数据字和程序段结束符组成。每个字的字首是一个英文字母，称为字地址码。常用地址码字符的含义如表 2-1 所示。

表 2-1　常用地址码字符的含义

功能	代码	备　　注
程序号	O	主程序或子程序号
程序段序号	N	顺序号
准备功能	G	定义运动方式
坐标地址	X、Y、Z A、B、C、U、V、W R I、J、K	轴向运动指令 附加轴运动指令 圆弧半径 圆心坐标
进给速度	F	定义进给速度
主轴转速	S	定义主轴转速
刀具功能	T	定义刀具号
辅助功能	M	机床的辅助动作
偏置号	H、D	半径或长度补偿
重复次数	L、K	循环次数
参数	P、Q、R	固定循环次数
暂停	P、X	暂停时间

字地址程序段可变格式：

N＿＿G＿＿X＿＿Y＿＿Z＿＿F＿＿S＿＿T＿＿M＿＿LF

它的特点是：程序段中各字的先后顺序并不严格（但为了编程方便，常按一定的顺序排列），不需要的字以及与上一程序段相同的字可以省略，数据的位数可多可少，程序简短、直观、不易出错，因而得到广泛应用。

程序段内各字的说明如下。

① 程序段号。用以识别程序段的编号，由地址码 N 和后面的若干位数字组成。例如 N20 表示该程序段的段号为 20。

② 准备功能字 G。G 功能是使数控机床做好某种操作准备的指令，用地址 G 和两位数字表示，从 G00～G99 共 100 种。

③ 坐标字。由坐标地址符及数字组成，且按一定的顺序排列。坐标轴地址符的顺序为：X，Y，Z，U，V，W，P，Q，R，A，B，C。

④ 进给功能字 F。表示刀具中心运动时的进给速度，由地址码 F 和后面若干位数字构成。

⑤ 主轴转速功能字 S。由地址码 S 及其后若干位数字组成。

⑥ 刀具功能字 T。由地址码 T 和后面若干位数字组成。刀具功能的数字是指定的刀具号，数字的位数由所用的系统决定。

⑦ 辅助功能字。辅助功能也称 M 功能或 M 代码，它是控制机床或系统的开关功能的一种命令。由地址码 M 和后面的两位数字组成，从 M00～M99 共 100 种。

⑧ 程序段结束。写在每一程序段最后，表示程序结束。根据控制系统而不同，有的用"LF"，有的用"；"或者"＊"表示，在 FANUC 系统中，多数用分号"；"表示结束。

FANU 0i-MC 系统中常用的 G 代码和 M 代码及其功能如表 2-2、表 2-3 所示。

表 2-2　FANUC 0i-MC 系统中常用的 G 代码及其功能

G 代码	组	功能	G 代码	组	功能
* G00	01	定位	G52	00	局部坐标系设定
* G01		直线插补	G53		选择机床坐标系
G02		圆弧插补/螺旋线插补 CW	* G54	14	选择工件坐标系 1
G03		圆弧插补/螺旋线插补 CCW	G55		选择工件坐标系 2
G04	00	停刀,准确停止	G56		选择工件坐标系 3
G09		准确停止	G57		选择工件坐标系 4
G10		可编程数据输入	G58		选择工件坐标系 5
G11		可编程数据输入方式取消	G59		选择工件坐标系 6
* G15	17	极坐标指令取消	G60	00/01	单方向定位
G16		选择极坐标指令	G61	15	准确停止方式
* G17	02	选择 XY 平面	G62		自动拐角倍率
G18		选择 ZX 平面	G63		攻螺纹方式
G19		选择 YZ 平面	* G64		切削方式
G20	06	英寸输入（英制）	G65	00	宏程序调用
G21		毫米输入（公制）	G66	12	宏程序模态调用
G27	00	返回参考点检测	* G67		宏程序模态调用取消
G28		返回参考点	G73		排屑钻孔循环
G29		从参考点返回	G74		左旋攻螺纹循环
G30		返回第 2、3、4 参考点	G76		精镗循环
G37	00	自动刀具长度测量	* G80		固定循环取消/外部功能取消
G39		拐角偏置圆弧插补	G81		钻孔循环、锪镗循环或外部循环功能
* G40	07	刀具半径补偿取消	G82		钻孔循环或反镗循环
G41		左侧刀具半径补偿	G83	09	排屑钻孔循环
G42		右侧刀具半径补偿	G84		攻螺纹循环
G43	08	正向刀具长度补偿	G85		镗孔循环
G44		负向刀具长度补偿	G86		镗孔循环
G45	00	刀具偏置值增加	G87		背镗循环
G46		刀具偏置值减小	G88		镗孔循环
G47		2 倍刀具偏置值	G89		镗孔循环
G48		1/2 倍刀具偏置值	* G90	03	绝对值编程
* G49	08	刀具长度偏置取消	* G91		增量值编程
* G50	11	比例缩放取消	G92	00	设定工件坐标系
G51		比例缩放有效	* G98	10	固定循环返回到初始点
* G50.1	22	可编程镜像取消	G99		固定循环返回到 R 点
G51.1		可编程镜像有效			

注：标有"＊"的是系统默认状态。

■■■

表 2-3　FANUC 0i-MC 系统中常用的 M 代码及其功能

M 代码	功能	M 代码	功能
M00	程序暂停	M09	冷却液关
M01	程序选择停止	M18	主轴定向解除
M02	程序结束	M19	主轴定向
M03	主轴正转	M29	刚性攻螺纹
M04	主轴反转	M30	程序结束并返回程序头
M05	主轴停止	M98	子程序调用
M06	换刀指令	M99	子程序调用返回
M08	冷却液开		

从表 2-2 中我们可以看到，G 代码被分成了不同的组，这是由于大多数的 G 代码是模态的。模态 G 代码，是指这些 G 代码不只在当前的程序段中起作用，而且在以后的程序段中一直起作用，直到程序中出现另一个同组的 G 代码为止。同一组的模态 G 代码控制同一个目标，起不同的作用，它们之间是不相容的。00 组的 G 代码是非模态的，这些 G 代码只在它们所在的程序段中起作用。标有"∗"的 G 代码是通电时的初始状态，即默认状态。对于 G01 和 G00、G90 和 G91 通电时的初始状态由参数决定。

同一程序段中可以有几个 G 代码出现，但当两个或两个以上的同组 G 代码出现时，最后出现的一个（同组的）G 代码有效。

在固定循环模态下，任何一个 01 组的 G 代码都将使固定循环模态自动取消，成为 G80 模态。

任务二　常用辅助功能指令和 F、S、T 指令

一、常用辅助功能 M 代码

辅助功能由地址字 M 和其后的一位或两位数字组成，主要用于控制零件程序的走向以及机床各种辅助功能的开关动作。M 功能有模态和非模态功能两种形式。

FANUC 数控系统的数控铣床上常用的 M 功能代码如表 2-4 所示。

表 2-4　辅助功能（M 代码）

代码	功能开始时间		功能	附注
	在程序段指令运动之前执行	在程序段指令运动之后执行		
M00		√	程序暂停	非模态
M01		√	程序选择停止	非模态
M02		√	程序结束	非模态
M03	√		主轴顺时针旋转（正转）	模态
M04	√		主轴逆时针旋转（反转）	模态
M05		√	主轴停止	模态
M07	√		2 号冷却液开	模态
M08	√		1 号冷却液开	模态

代码	功能开始时间		功能	附注
	在程序段指令运动之前执行	在程序段指令运动之后执行		
M09		√	冷却液关	模态
M30		√	程序结束并返回程序头	非模态
M98	√		子程序调用	模态
M99		√	子程序调用返回	模态

1. 程序暂停（M00）

当 CNC 执行到 M00 指令时将暂停执行当前程序，以方便操作者进行尺寸测量、零件调头、手动变速等操作。暂停时，机床的主轴进给及冷却液停止，而全部现存的模态信息保持不变，要继续执行后续程序只需按操作面板上的循环启动键即可。

2. 程序选择停止（M01）

与 M00 类似，在执行含有 M01 的程序段后，机床停止运行，但需将机床操作面板上的任选停机的开关置为有效。

3. 程序结束（M02）

该指令用在主程序的最后一个程序段中。当该指令执行后，机床的主轴进给、冷却液全部停止，加工结束。

使用 M02 的程序结束后，不能自动返回到程序头。若要重新执行该程序需要重新调用该程序。

4. 程序结束并返回程序头（M30）

M30 与 M02 功能相似，只是 M30 指令还兼有控制返回到零件程序头的作用。使用 M30 的程序结束后，若要重新执行该程序只需再次按操作面板上的循环启动键即可。

5. 主轴控制指令（M03、M04、M05）

M03 指令主轴顺时针方向（从 Z 轴正向向 Z 轴负向看）旋转；

M04 指令主轴逆时针方向旋转；

M05 指令主轴停止旋转，是机床的默认功能。

M03、M04、M05 可相互注销。

6. 冷却液的开关指令（M07、M08、M09）

M07 指令打开 2 号冷却液；M08 指令打开 1 号冷却液；M09 关闭冷却液，M09 为默认功能。

二、主轴转速功能指令（S）

主轴转速功能指令 S 控制主轴转速，其后的数值表示主轴转速，单位为 r/min。

S 是模态指令，S 功能只有在主轴转速可调时有效。

三、进给速度（F）

F 指令表示加工时刀具相对于零件的合成进给速度（图 2-3）。F 的单位取决于 G94 或 G95 指令，具体说明如下。

```
G94 F_;        每分钟进给量,单位为 mm/min(公制)或 in/min(英制)
G95 F_;        每转进给量,单位为 mm/r(公制)或 in/r(英制)。
```

例如：

```
N10 G94 F100;    进给速度为 100mm/min
```

...

```
N100 S400 M3;      主轴正转,主轴转速为 400r/min
N110 G95 F0.5;     进给速度为 0.5mm/r
```

每分钟进给量与每转进给量的关系：

$$v_f = nf$$

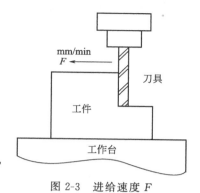

图 2-3　进给速度 F

式中　v_f——每分钟进给量，mm/min；

　　　n——主轴转速，r/min；

　　　f——每转进给量，mm/r。

例如，每转进给量为 0.15mm/r，主轴转速为 1000r/min，则进给速度（每分钟进给量）为：

$$v_f = 0.15\text{mm/r} \times 1000\text{r/min} = 150\text{mm/min}$$

指令使用说明如下。

① 数控铣床中常默认 G94 有效。

② G95 指令中只有主轴为旋转轴时才有意义。

③ G94、G95 更换时要求写入一个新的地址 F。

④ G94、G95 均为模态有效指令。

当工作在 G01、G02、G03 方式时，编程中 F 一直有效，直到被新的 F 值所取代。而工作在 G00、G60 方式时，快速定位的速度是各轴的最高速度，与 F 无关。操作面板上有进给速度 F 的倍率修调开关，F 可在一定范围内进行倍率修调。

当执行攻螺纹循环 G84、螺纹切削 G33 时，倍率开关无效，进给倍率固定在 100。

四、刀具功能（T）

T 是刀具功能字，后跟两位数字指示更换刀具的编号。在加工中心上执行 T 指令，则刀库转动来选择所需的刀具，然后等待，直到 M06 指令作用时自动完成换刀。T 指令同时可调入刀补寄存器中的刀补值（刀补长度和刀补半径）。虽然 T 指令为非模态指令，但被调用的刀补值会一直有效，直到再次换刀调入新的刀补值。如 T0101，前一个 01 指的是选用 01 号刀，第二个 01 指的是调入 01 号刀补值。当刀补号为 00 时，实际上是取消刀补，如 T0100，则是用 01 号刀，且取消刀补。

任务三　平面铣削常用准备功能指令（G 代码）

一、坐标系指令

1. 绝对坐标（G90）和相对坐标指令（G91）

表示运动轴的移动方式。使用绝对坐标指令（G90），程序中的位移量用刀具的终点坐标表示。相对坐标指令（G91）又称增量坐标指令，用刀具运动的增量值来表示。如图 2-4 所示，表示刀具从 A 点到 B 点的移动，用以上两种方式编程指令格式分别如下。

```
G90  X80.0Y150.0;
G91  X-40.0  Y90.0;
```

2. 坐标系设定指令（G92）

在使用绝对坐标指令编程时，预先要确定工件坐标系。通过 G92 可以确定当前工作坐标系，该坐标系在机床重新开机时消失，如图 2-5 所示。

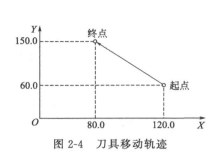

图 2-4　刀具移动轨迹

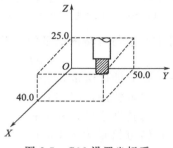

图 2-5　G92 设置坐标系

指令格式：G92 X＿ Y＿ Z＿；

3. 工件坐标系的选取指令（G54～G59）

在机床中，可以预置六个工件坐标。通过在 CRT-MDI 面板上的操作，设置每一个工件坐标系原点相对于机床坐标系原点的偏移量，然后使用 G54～G59 指令来调用它们。G54～G59 都是模态指令，并且存储在机床存储器内，在机床重开机时仍然存在，并与刀具的当前位置无关。

一旦指定了 G54～G59 之一，则该工件坐标系原点即为当前程序点，后续程序段中的工件绝对坐标均为相对于此程序原点的值。

二、尺寸单位设定指令 G21、 G20

G21 为公制尺寸单位设定指令；G20 为英制尺寸单位设定指令。

G20、G21 指令说明如下。

① G20、G21 必须在设定坐标系之前，在程序的开头以单独程序段指定；

② 在程序段执行期间，均不能切换公制、英制尺寸输入指令；

③ G20、G21 均为模态有效指令；

④ 在公制/英制转换之后，将改变程序中数值的单位制。

三、进给速度单位设定指令 G94、 G95

格式如下，

G94 F＿；　　　每分钟进给(mm/min)

G95 F＿；　　　每转进给(mm/r)

说明：G94、G95 为模态指令，可相互注销，系统默认为 G94。

四、快速点定位指令（G00）

该指令命令刀具以点位控制方式从刀具所在点快速移动到目标位置，无运动轨迹要求，G00 移动速度是机床设定的空运行速度，与程序段中的进给速度无关。

指令格式：G00 X＿ Y＿ Z＿；

式中，X、Y、Z 为目标点的坐标。

由于数控系统内部设置的参数不同，快速点定位 G00 的刀具运动轨迹可分为两种形式。

（1）非直线插补定位

刀具分别以每轴的快速移动速度定位，刀具轨迹一般不是直线。

（2）直线插补定位

刀具轨迹与直线插补（G01）相同。刀具以不超过最快移动速度的速度移动，以在最短的时间内定位。

【例题 2-1】：如图 2-6 所示，从 O 点快速移动到（42，20）点。

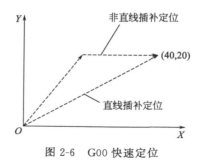

图 2-6 G00 快速定位

其程序为：G90 G00 X40.0 Y20.0;

五、直线插补指令（G01）

刀具作两点间的直线运动加工时用该指令。G01 指令表示刀具从当前位置开始以给定的速度（切削进给速度 F），沿直线移动到规定的位置。

指令格式：

G01 X __ Y __ Z __ F __;

如图 2-7 所示，刀具由原点直线插补至（40，20）点，其程序为：

G01 X40.0 Y20.0 F100;

【例题 2-2】已知待加工轮廓如图 2-8 所示，起刀点为 O（－15，－15），加工程序为：

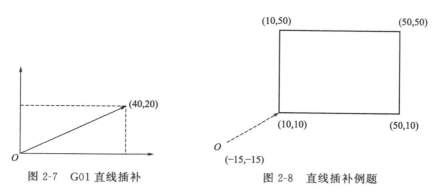

图 2-7 G01 直线插补　　　　图 2-8 直线插补例题

G90 G01 X10.0 Y10.0 F50;

X50.0;

Y50.0;

X10.0;

Y10.0;

X-15.0 Y-15.0;

...

任务四   常用铣削刀具和选择技巧

一、常见的刀具类型

1. 平面加工铣刀

铣平面显然离不开平面加工铣刀（图2-9）。端面铣刀、圆柱铣刀和立铣刀是常用的平面加工铣刀。

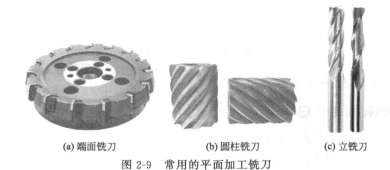

(a) 端面铣刀   (b) 圆柱铣刀   (c) 立铣刀

图2-9   常用的平面加工铣刀

2. 沟槽加工铣刀

直槽有通槽和不通槽之分。较宽的通槽可用三面刃铣刀加工，窄的通槽可用锯片铣刀或小尺寸立铣刀加工，不通槽则宜用立铣刀加工。横槽的加工离不开T形槽铣刀。如图2-10所示。

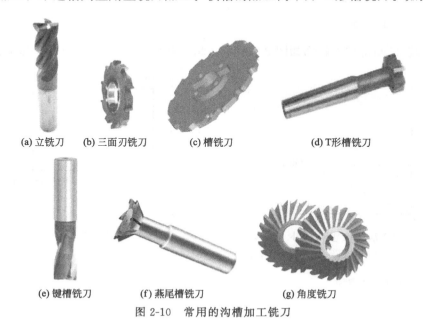

(a) 立铣刀   (b) 三面刃铣刀   (c) 槽铣刀   (d) T形槽铣刀

(e) 键槽铣刀   (f) 燕尾槽铣刀   (g) 角度铣刀

图2-10   常用的沟槽加工铣刀

3. 成形面加工铣刀

在普通铣床上加工成形面往往离不开成形铣刀，如半圆形铣刀和专门加工叶片成形面及特殊形状的根部槽的专用铣刀。铣削齿轮用的齿轮铣刀，也是成形铣刀。图2-11为常见的成形铣刀。

成形铣刀的缺点是制造费用较大，切削性能差。

二、铣刀结构及其选用

铣刀一般由刀片、定位元件、夹紧元件和刀体组成。由于刀片在刀体上有多种定位与夹紧方式，刀片定位元件的结构又有不同类型，因此铣刀的结构形式有多种，分类方法也较多。选用时，主要可根据刀片排列方式。刀片排列方式可分为平装结构和立装结构两大类。

图 2-11 成形铣刀

（1）平装结构（刀片径向排列）

平装结构铣刀（图 2-12）的刀体结构工艺性好，容易加工，并可采用无孔刀片（刀片价格较低，可重磨）。由于需要夹紧元件，刀片的一部分被覆盖，容屑空间较小，且在切削力方向上的硬质合金截面较小，故平装结构的铣刀一般用于轻型和中量型的铣削加工。

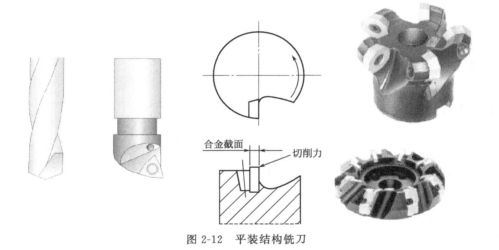

图 2-12 平装结构铣刀

（2）立装结构（刀片切向排列）

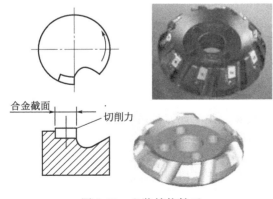

图 2-13 立装结构铣刀

立装结构铣刀（图 2-13）的刀片只用一个螺钉固定在刀槽上，结构简单，转位方便。虽然刀具零件较少，但刀体的加工难度较大，一般需用五坐标加工中心进行加工。由于刀片采用切削力夹紧，夹紧力随切削力的增大而增大，因此可省去夹紧元件，增大了容屑空间。由于刀片切向安装，在切削力方向的硬质合金截面较大，因而可进行大切深、大走刀量切削。这种铣刀适用于重型和中量型的铣削加工。

三、铣刀角度的选择

铣刀的角度有前角、后角、主偏角、副偏角、刃倾角等。为满足不同的加工需要，有多种角度组合方式。各种角度中最主要的是主偏角和前角。制造厂的产品样本中对刀具的主偏角和前角一般都有明确说明。

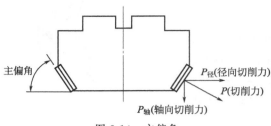

主偏角
$P_{径}$(径向切削力)
P(切削力)
$P_{轴}$(轴向切削力)

图 2-14   主偏角

（1）主偏角 κ_r

主偏角为切削刃与切削平面的夹角，如图 2-14 所示。铣刀的主偏角有 90°、88°、75°、70°、60°、45°等几种。

主偏角对径向切削力和切削深度影响很大。径向切削力的大小直接影响切削功率和刀具的抗振性能。主偏角越小，其径向切削力越小，抗振性也越好，但切削深度也随之减小。

（2）前角 γ

铣刀的前角可分解为径向前角 γ_f 和轴向前角 γ_p（图 2-15），径向前角 γ_f 主要影响切削功率；轴向前角 γ_p 则影响切屑的形成和轴向力的方向，当 γ_p 为正值时切屑即飞离加工面。径向前角 γ_f 和轴向前角 γ_p 正负的判别见图 2-15。常用的前角组合形式有：双负前角；双正前角；正负前角（轴向正前角、径向负前角）。

四、铣刀的齿数（齿距）选择

铣刀齿数多，可提高生产效率，但受容屑空间、刀齿强度、机床功率及刚性等的限制，不同直径的铣刀的齿数均有相应规定。为满足不同用户的需要，同一直径的铣刀一般有粗齿、中齿、密齿三种类型。

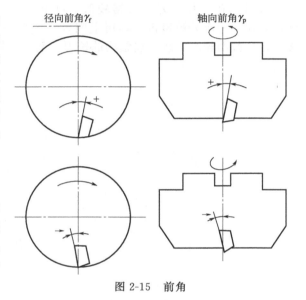

径向前角 γ_f 轴向前角 γ_p

图 2-15   前角

五、铣刀直径的选用

铣刀直径的选用视产品及生产批量的不同差异较大，主要取决于设备的规格和工件的加工尺寸。

（1）平面铣刀

选择平面铣刀直径时主要需考虑刀具所需功率应在机床功率范围之内，也可将机床主轴直径作为选取的依据。平面铣刀直径可按 $D=1.5d$（d 为主轴直径）选取。在批量生产时，也可按工件切削宽度的 1.6 倍选择刀具直径。

（2）立铣刀

立铣刀直径的选择主要应考虑工件加工尺寸的要求，并保证刀具所需功率在机床额定功率范围以内。如系小直径立铣刀，则应主要考虑机床的最高转速能否达到刀具的最低切削速度。

（3）槽铣刀

槽铣刀的直径和宽度应根据加工工件尺寸选择，并保证其切削功率在机床允许的功率范围之内。

六、铣刀的最大切削深度

不同系列的可转位面铣刀有不同的最大切削深度。最大切削深度越大的刀具所用刀片的尺寸越大，价格也越高，因此从节约费用、降低成本的角度考虑，一般应按加工的最大余量和刀具的最大切削深度选择合适规格的刀具。当然，还需要考虑机床的额定功率和刚性应能满足刀具使用最大切削深度时的需要。

七、刀片牌号的选择

合理选择刀片硬质合金牌号的主要依据是被加工材料的性能和硬质合金的性能。一般选用铣刀时，可按刀具制造厂提供加工的材料及加工条件，来配备相应牌号的硬质合金刀片。

由于各厂生产的同类用途硬质合金的成分及性能各不相同，硬质合金牌号的表示方法也不同。国际标准化组织规定，切削加工用硬质合金按其排屑类型和被加工材料分为三大类：P类、M类和K类。根据被加工材料及适用的加工条件，每大类中又分为若干组，用两位阿拉伯数字表示，数字越大，其耐磨性越低、韧性越高。

P类合金（包括金属陶瓷）用于加工产生长切屑的金属材料，如钢、铸钢、可锻铸铁、不锈钢、耐热钢等。其中，组号越大，可选用越大的进给量和切削深度，而切削速度则应越小。

M类合金用于加工产生长切屑和短切屑的黑色金属或有色金属，如钢、铸钢、奥氏体不锈钢、耐热钢、可锻铸铁、合金铸铁等。其中，组号越大，可选用越大的进给量和切削深度，而切削速度则应越小。

K类合金用于加工产生短切屑的黑色金属、有色金属及非金属材料，如铸铁、铝合金、铜合金、塑料、硬胶木等。其中，组号越大，可选用越大的进给量和切削深度，而切削速度则应越小。

上述三类合金切削用量的选择原则如表2-5所示。

表2-5 P、M、K类合金切削用量的选择

切削用量	P01	P05	P10	P15	P20	P25	P30	P40	P50
	M10	M20	M30	M40					
	K01	K10	K20	K30	K40				
进给量	→→→→→→→→→→→→→→→→→→→→→→→→→→→→→→→								
背吃刀量	→→→→→→→→→→→→→→→→→→→→→→→→→→→→→→→								
切削速度	←←←←←←←←←←←←←←←←←←←←←←←←←←←←←←←								

各厂生产的硬质合金虽然有各自编制的牌号，但都有对应国际标准的分类号，选用也十分方便。

任务五 数控铣削加工工艺

一、数控铣削加工工艺的主要内容

① 分析零件图样，选择确定数控加工的内容。

② 结合零件加工表面的特点和数控设备的功能，对零件进行工艺分析。

③ 进行数控铣削加工工艺设计，确定零件总体加工方案，包括选取零件的定位基准、装夹方案，安排加工路线，确定工步内容、每一工步所用刀具、切削用量等。

④ 确定数控加工前的调整方案，如对刀方案、换刀点、刀具预调和刀具补偿方案。

二、数控铣削加工工序划分

（1）工序划分的原则

工序划分的原则有工序集中原则和工序分散原则两种。

工序集中原则指每道工序包括尽可能多的加工内容，从而使工序的总数减少，这一原则有利于减少工序数目，缩短工艺路线，简化生产计划和生产组织工作，有利于减少机床数量、操作工人数和占地面积等，有利于减少工件装夹次数等。但专用设备和工艺装备投资大、调整维修比较麻烦，生产准备周期较长，不利于转产。工序分散原则是指将工件的加工分散在较多的工序内进行，每道工序的加工内容很少。这一原则加工设备和工艺装备结构简单，调整和维修方便，操作简单，转产容易；有利于选择合理的切削用量，减少机动时间。但工艺路线较长，所需设备及工人人数多，占地面积大。

（2）工序划分的方法

在数控铣床上加工零件一般按工序集中原则划分工序。具体划分方法有以下几种。

① 按零件装夹定位方式划分。以一次安装完成的那一部分工艺过程为一道工序。这种方法适合于加工内容较少的零件，加工完成后零件就能达到待检状态。

② 按所用刀具划分。以同一把刀具加工的那一部分工艺过程为一道工序，这样可以减少换刀时间，节省辅助时间。

③ 按粗、精加工划分工序。对于加工后容易变形的零件，由于粗加工后可能发生较大的变形而需要校形，所以一般要进行粗加工、精加工的都要将工序分开。

④ 按加工部位划分工序。对于加工内容很多的零件，可按其结构特点将加工部位分成几个部分，如内形、外形、曲面或平面等。

（3）加工顺序的安排

铣削加工零件划分工序后，各工序的先后顺序排定通常考虑以下原则。

① 基准先行原则。用作基准的表面应优先加工。

② 先粗后精原则。各个表面的加工顺序按照粗加工、半精加工、精加工、光整加工的顺序依次进行，逐步提高表面的加工精度和表面质量。

③ 先主后次原则。零件的主要工作表面、装配基面应先加工，从而及早发现毛坯的内在缺陷。次要表面可穿插进行，一般在主要表面半精加工之后精加工之前进行。

④ 先面后孔原则。对于箱体、底座、支架等零件，应先加工用作定位的平面和孔的端面，再加工孔，这样可使工件定位夹紧可靠，有利于保证孔与平面的位置精度，减少刀具的磨损，特别是钻孔的，孔的轴线不易偏斜。

三、数控铣削加工工艺设计

（1）加工方案的确定

数控铣削的零件加工面无非是一些平面、曲面、型腔和孔等，按照反推法原则。首先按照各表面的加工精度和表面粗糙度要求确定最终的加工方法，再确定前面一系列的粗加工方法，即获得各表面的加工方案。

（2）确定装夹方案

在确定零件的装夹方式时，应力求使设计基准、工艺基准和编程计算基准统一，同时还应力求装夹次数最少。在选择夹具时，一般应注意以下几点。

① 尽量采用通用夹具、组合夹具，必要时才设计专用夹具。

② 工件的定位基准应与设计基准保持一致，注意防止过定位干涉现象，且便于工件的安装，不允许出现欠定位的现象。

③ 由于在数控机床上通常一次装夹完成工件的多道工序，因此应防止工件夹紧引起的变形造成对工件加工的不良影响。

④ 夹具在夹紧工件时，应使工件上的加工部位开放，即夹具上的各部件不得妨碍走刀。

⑤ 尽量使夹具的定位、夹紧装置部位无切屑积留，清理方便。

（3）确定加工工艺

确定工序的先后次序，填写工艺卡。

（4）确定进给路线

编程时确定进给路线的原则主要有以下几点。

① 保证被加工工件的加工精度和表面质量。

② 数值计算简单，程序段数量少，简化程序，减少编程工作量。

③ 尽量缩短加工路线，减少空行程时间，提高加工效率。

（5）确定刀具

选择刀具通常要考虑机床的加工能力、工序内容和工件材料等因素，要求尺寸稳定、安装调整方便。

四、铣削加工切削用量

如图 2-16 所示，铣削加工切削用量包括主轴转速（切削速度）、进给速度、背吃刀量和侧吃刀量。切削用量的大小对切削力、切削速度、刀具磨损、加工质量和加工成本均有显著影响。选择切削用量时，要在保证加工质量和刀具耐用度的前提下，充分发挥机床性能和刀具切削性能，使切削效率最高，加工成本最低。

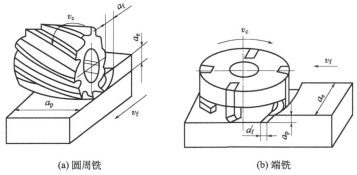

(a) 圆周铣　　　　　　　　　　　　　(b) 端铣

图 2-16　铣削用量

依照切削用量的选择原则，为保证刀具的耐用度，铣削用量的选择方法是：先选择背吃刀量或侧吃刀量，其次确定进给速度，最后确定切削速度。

1. 背吃刀量（端铣或圆周铣侧吃刀量）的选择

背吃刀量 a_p（mm）为平行于铣刀轴线测量的铣切尺寸。端铣时，a_p 为切削层深度；而圆周铣削时，a_p 为被加工表面的宽度。

侧吃刀量 a_e（mm）为垂直于铣刀轴线测量的切削层尺寸。端铣时，a_e 为被加工表面宽度；而圆周铣削时，a_e 为切削层的深度。

背吃刀量或侧吃刀量的选取主要由加工余量和被加工表面的质量要求决定。

① 在被加工表面的表面粗糙度要求为 $Ra1.5 \sim Ra25$ 时，如果圆周铣削的加工余量小于端铣的加工余量，则粗铣一次进给就可以达到要求。但在余量较大，工艺系统刚性较差或机床动力不足时，可分两次进给完成。

② 在零件表面粗糙度要求为 $Ra1.5\sim Ra3.2$ 时，可分粗铣和半精铣两步进行。粗铣后留 $0.5\sim1mm$ 余量，在半精铣时切除。

③ 在零件表面粗糙度要求为 $Ra0.8\sim Ra3.2$ 时，可分粗铣、半精铣、精铣三步进行。半精铣时背吃刀量或侧吃刀量取 $1.5\sim2mm$，精铣时圆周铣侧吃刀量取 $0.3\sim0.5mm$，面铣刀背吃刀量取 $0.5\sim1mm$。

2. 进给量与进给速度的选择

进给量 f(mm/r) 与进给速度 v_f(mm/min) 的选择如下：

铣削加工的进给量是指刀具转一周，零件与刀具沿进给运动方向的相对位移量；进给速度是单位时间内零件与铣刀沿进给方向的相对位移量。进给量与进给速度是数控铣床加工切削用量中的重要参数，根据零件的表面粗糙度、加工精度要求、刀具及零件材料等因素，参考切削用量手册选取或参考表 2-6 选取。零件刚性差或刀具强度低时，应取小值。铣刀为多齿刀具，其进给速度 v_f、刀具转速 n、刀具齿数 z 及每齿进给量 f_z 的关系为：

$$v_f = nzf_z$$

表 2-6　铣刀每齿进给量　　　　　　　　　　　　　　　　　　　　　mm

零件材料	每齿进给量 f_z			
	粗铣		精铣	
	高速钢铣刀	硬质合金铣刀	高速钢铣刀	硬质合金铣刀
钢	0.10~0.15	0.10~0.25	0.02~0.05	0.10~0.15
铸铁	0.12~0.20	0.15~0.30		

3. 切削速度的选择

切削速度 v_c(m/min) 的选择，根据已经选定的背吃刀量、进给量及刀具耐用度选择切削速度。可用经验公式计算，也可根据生产实践经验，在机床说明书允许的切削速度范围内查阅有关手册或参考表 2-7 选取。

表 2-7　铣削速度参考值

零件材料	硬度(HBW)	铣削速度 v_c/m·min^{-1}	
		高速钢铣刀	硬质合金铣刀
钢	<225 225~325 325~425	18~42 12~36 6~21	66~150 54~120 36~75
铸铁	<190 190~260 160~320	21~36 9~18 4.5~10	66~150 45~90 21~30

实际编程中，切削速度 v_c 确定后，还要按式 $v_c = \pi dn/1000$ 计算出铣床主轴转速 n(r/min)，对有级变速的铣床，须按铣床说明书选择与所计算转速 n 接近的转速，并填入程序单中。

对于高速铣削机床（主轴转速在 10000r/min 以上），为发挥其高速旋转的特性、减少主轴的重载磨损，其切削用量的选择顺序是 $v_c \rightarrow v_f$（进给速度）$\rightarrow a_p(a_e)$。

五、合理选择顺铣与逆铣

在加工中，铣削分为逆铣和顺铣，当铣刀的旋转方向和工件的进给方向相同时称为顺铣，相反则称为逆铣，如图 2-17 所示。

逆铣时刀齿开始切削工件时的切削厚度比较小，导致刀具易磨损，并影响已加工表面。顺铣时刀具的耐用度比逆铣时提高 2～3 倍，刀齿的切削路径比较短，比逆铣时的平均切削厚度大，而且切削变形较小，但顺铣不宜加工带硬皮的工件。由于工件所受的切削力方向不同，粗加工时逆铣比顺铣要平稳。因此，

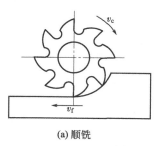 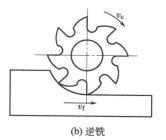

图 2-17   顺铣与逆铣

为了降低表面粗糙度值、提高刀具耐用度，对于铝镁合金、钛合金和耐热合金等材料，尽量采用顺铣加工。但如果零件毛坯为黑色金属锻件或铸件，表皮硬而且余量比较大，这时采用逆铣较为合理。

对于立式数控铣床所采用的立铣刀，装在主轴上相当于悬臂梁结构，在切削加工时刀具会产生弹性弯曲变形，如图 2-18 所示。当用铣刀顺铣时，刀具在切削时会产生让刀现象，即切削时出现"欠切"，如图 2-18(a) 所示；而用铣刀逆铣时，刀具在切削时会产生啃刀现象，即切削时出现"过切"现象，如图 2-18(b) 所示。这种现象在刀具直径越小、刀杆伸出越长时越明显，所以在选择刀具时，从提高生产率、减少刀具弹性弯曲变形的影响这些方面考虑，应选大的直径，但不能大于零件凹圆弧的半径，且在装刀时尽量伸出短些。

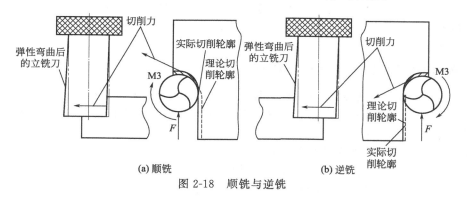

图 2-18   顺铣与逆铣

六、数控刀具下刀过程

铣削刀具的下刀过程如图 2-19 所示。

在加工零件的过程中，刀具首先定位到起始平面，快速下刀至进刀平面，然后以进给速度下刀，进行零件的加工。在一个区域或工位加工完毕后，退至退刀平面，再抬刀至安全平面，然后高速运动到下一个区域或工位再下刀、加工。在零件完全加工完毕后，抬刀至返回平面，进行零件的测量等操作。

（1）起始平面

起刀点是刀具相对于零件运动的起点，数控程序是从起刀点开始执行的。起刀点必须设置在零件的上面。起刀点所在的平面，称为起始平面。起始平面距离零件上表面的高度就是起始高度。一般选距零件上表面 50mm 左右的位置处，太高使生产效率降低，太低又不便于操作人员观察零件。另外，为了发生异常现象时便于操作人员紧急处理，起始平面一般高于安全平面。在此平面上刀具以 G00 速度行进。

（2）进刀平面

刀具以高速（G00）下刀，待到要切到材料时变成以进刀速度下刀，以免撞刀，此速度转

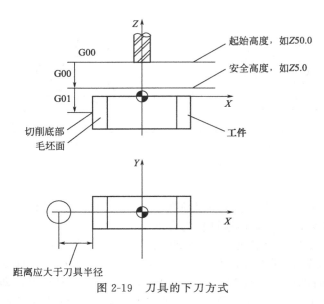

图 2-19　刀具的下刀方式

折点的位置即为进刀平面，其高度为进刀高度，也称作安全高度。一般取距离加工表面 5mm 左右。

（3）退刀平面

零件（或零件区域）加工结束后，刀具以切削进给速度离开零件表面一定距离后转为以高速返回到返回平面，此转折位置即为退刀平面，其高度为退刀高度。

（4）安全平面

安全平面是指刀具在完成零件的一个区域加工后，刀具沿刀具轴向返回运动一段距离后，刀尖所在的 Z 平面。一般高出被加工零件最高点 10mm 左右。刀具处于安全平面时是安全的，在此平面上以 G00 速度进行。这样设置安全平面既能防止刀具碰伤零件，又能使非切削加工时间控制在一定范围内。安全平面对应的高度称为安全高度。

（5）返回平面

返回平面在零件表面的上方，一般与起始平面重合或者比起始平面更高，便于在零件加工完毕后，观察和测量零件，同时保证后续移动机床时零件和刀具不发生碰撞。刀具在此平面可被设定为高速运动。

七、数控铣削加工工艺文件的编制

数控加工工艺文件既是数控加工的依据、产品验收的依据，也是操作者应遵守、执行的规程。不同的数控机床和加工要求，工艺文件的内容和格式有所不同，目前尚无统一的国家标准。常用的工艺文件有以下几种。

1. 数控加工工序卡（数控加工工艺卡）

数控加工工序卡与普通机械加工工序卡有较大区别。数控加工一般采用工序集中，每一加工工序可划分为多个工步，因此，数控加工工序卡不仅包含每一工步的内容，还应包含其程序号、所用刀具类型、刀具号和切削用量等内容。它不仅是编程人员编制程序时必须遵循的基本工艺文件，同时也是指导操作人员进行数控机床操作和加工的主要资料。数控加工工序卡示例见表 2-8。

表 2-8　数控加工工序卡示例

数控加工工艺卡		产品名称	零件名称	材料	零件图号
工序号	程序编号	夹具名称	夹具编号	使用设备	车间	工序时间
工步号	工步内容	刀具名称	主轴转速	进给速度	背吃刀量	侧吃刀量	备注
1							
2							
3							
4							
编制		审核		批准		年　月　日	共　页　第　页

2. 数控加工刀具卡

主要反映刀具的名称、编号、规格、长度和半径补偿值等内容，它是调刀人员准备和调整刀具、机床操作人员输入刀补参数的主要依据。数控加工刀具卡示例见表 2-9。

表 2-9　数控加工刀具卡示例

数控加工刀具卡		工序号	程序编号		产品名称		零件名称		材料		零件图号
序号	刀具号	刀具名称	刀具规格		刀具补偿值		刀补号				备注
			直径	长度	半径	长度	半径		长度		
编制		审核		批准		年　月　日		共　页		第　页	

3. 数控加工程序单

由编程人员根据前面的工艺分析情况，经过数值计算，按照所用数控铣床的程序格式和指令代码，编制出加工程序，并填写加工程序单。数控铣削程序单示例见表 2-10。

表 2-10　数控铣削程序单示例

数控铣削程序单			刀具号	刀具名	刀具作用
单位名称	零件名称	零件图号			
段号	程序号				
编制	审核		批准		年　月　日　共　页　第　页

任务六　完成长方体表面编程和加工

一、加工工艺设计

1. 加工图样分析

图 2-1 所示零件需要加工六个平面，尺寸精度是未注公差，表面粗糙度为 $Ra6.3$，没有形位公差要求，加工精度要求较低。

2. 加工方案确定

根据图样加工要求，六个表面可采用端铣刀粗铣→精铣完成。

3. 装夹方案确定

毛坯为长方体零件，可选平口虎钳装夹，工件加工表面高出钳口 10mm 左右。

4. 确定刀具

可选用面铣刀铣削，加工效率高。刀具及切削参数见表 2-11。

表 2-11　刀具及切削参数

数控加工刀具卡	工序号	程序编号	产品名称	零件名称	材料	零件图号
	1	O0003		长方体	铸铝	

序号	刀具号	刀具名称	刀具规格		补偿值		刀补号		备注
			直径	长度	半径	长度	半径	长度	
1	T01	面铣刀	ϕ80mm	实测					硬质合金

编制		审核		批准		年　月　日	共　页	第　页

5. 确定加工工艺

该零件精度要求低，对每个表面只需用面铣刀粗铣一次，然后精铣一次即可保证精度。加工工艺见表 2-12。

表 2-12　加工工艺

数控加工工艺卡			产品名称	零件名称	材料	零件图号
				长方体	铸铝	
工序号	程序编号	夹具名称	夹具编号	使用设备	车间	工序时间
1	O0003	平口虎钳		XKA714B/F	实训中心	

工步号	工步内容	刀具名称	主轴转速 /r・min^{-1}	进给速度 /mm・min^{-1}	背吃刀量 /mm	侧吃刀量 /mm	备注
1	粗铣上表面	T01	250	150	2	60	
2	精铣上表面	T01	600	80	0.5	60	
3	粗铣下表面	T01	250	150	2	60	
4	精铣下表面	T01	600	80	0.5	60	
5	粗铣前表面	T01	250	150	2	45	
6	精铣前表面	T01	600	80	0.5	45	
7	粗铣后表面	T01	250	150	2	45	
8	精铣后表面	T01	600	80	0.5	45	
9	粗铣左表面	T01	250	150	2	45	
10	精铣左表面	T01	600	80	0.5	45	
11	粗铣右表面	T01	250	150	2	45	
12	精铣右表面	T01	600	80	0.5	45	

编制		审核		批准		年　月　日	共　页第　页

二、程序编制与加工

1. 工件坐标系建立

根据工件特点，编程坐标系原点设置在加工面的左下角。以上表面为例，如图 2-20 所示。

2. 基点坐标计算

分别计算出 A、B、C 各点的坐标值，如图 2-20 所示。

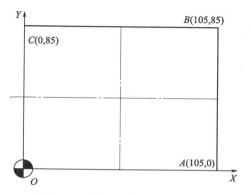

图 2-20 坐标原点及特征点坐标

3. 编制加工程序

根据前面的工艺分析和坐标计算，编制加工程序，并填写加工程序单。表面粗铣程序单如表 2-13 所示。

4. 程序调试与加工

① 将实训学生分组，每组 6 人，每人负责一个面的加工。

② 将程序输入数控系统，先进行图形模拟，然后分别进行粗、精加工，保证最后尺寸和表面粗糙度。

③ 加工完成，卸下工件，清理机床。

表 2-13 表面粗铣程序单

数控铣削程序单			刀具号	刀具名	刀具作用
单位名称	零件名称	零件图号	T01	面铣刀	铣削平面
	长方体				
段号	程序号	O0003			
N5	G90 G54 G00 X-45 Y10 Z50;		建立工件坐标系,刀具快速移动到下刀位置		
N10	M03 S250;		主轴正转,转速 250r/min		
N15	Z5;		快速到达安全高度		
N20	G01 Z-2 F150;		以给定速度下刀至—2mm		
N25	X130;		直线进给至 X120mm 处		
N30	Y75;		直线进给至 Y75mm 处		
N35	X-15;		直线进给至 X—15mm 处		
N40	G00 Z50;		快速抬刀至 Z100mm 处		
N45	M05;		主轴停转		
N50	M30;		程序结束		
编制		审核		批准	
					年 月 日 共 页 第 页

三、考核评价

1. 学生自检

学生完成零件自检，填写"考核评分表"（表 2-14）并同刀具卡、工序卡和程序单一起上交。

2. 成绩评定

教师协同组长，对零件进行检测，对刀具卡、工序卡和程序单进行批改，对学生整个任务的实施过程进行分析，并填写"考核评分表"对每个学生进行成绩评定。

表 2-14 考核评分表

零件名称			零件图号		操作人员			完成工时	
序号	鉴定项目及标准			配分	评分标准（扣完为止）	自检	检查结果	得分	
1	任务实施 （45分）	填写刀具卡		5	刀具选用不合理扣5分				
2		填写加工工序卡		5	工序编排不合理每处扣1分， 工序卡填写不正确每处扣1分				
3		填写加工程序单		10	程序编制不正确每处扣1分				
4		工件安装		3	装夹方法不正确扣3分				
5		刀具安装		3	刀具安装不正确扣3分				
6		程序录入		3	程序输入不正确每处扣1分				
7		对刀操作		3	对刀不正确每次扣1分				
8		零件加工过程		3	加工不连续，每终止一次扣1分				
9		完成工时		4	每超时5min扣1分				
10		安全文明		6	撞刀，未清理机床和保养设备扣6分				
11	工件质量 （45分）	长度	尺寸	10	尺寸每超0.1mm扣2分				
12			表面粗糙度	5	每降一级扣2分				
13		宽度	尺寸	10	尺寸每超0.1mm扣2分				
14			表面粗糙度	5	每降一级扣2分				
15		厚度	尺寸	10	尺寸每超0.1mm扣2分				
			表面粗糙度	5	每降一级扣2分				
16	误差分析 （10分）	零件自检		4	自检有误差每处扣1分，未自检扣4分				
17									
18		填写工件误差分析		6	误差分析不到位扣1~4分， 未进行误差分析扣6分				
	合计			100					

误差分析（学生填）

考核结果（教师填）

检验员		记分员			时间		年　月　日

课后练习 ‹‹‹‹

1. 平面铣削中影响表面粗糙度的因素很多，表 2-15 中列出了影响表面粗糙度的部分情况，在实训过程中，进行分析探究，找出其影响规律，并填表。

表 2-15 影响表面粗糙度的原因分析

序号	影响因素	影响规律
1	主轴转速	
2	进给速度	
3	背吃刀量	
4	顺铣或逆铣	
5	刀具磨损情况	
6	冷却润滑	
7	振动	

2. 加工图 2-21 所示零件的上表面及台阶面 (其余表面已加工)，毛坯为 100mm×80mm×32mm 长方体，材料铸铝，单件生产。

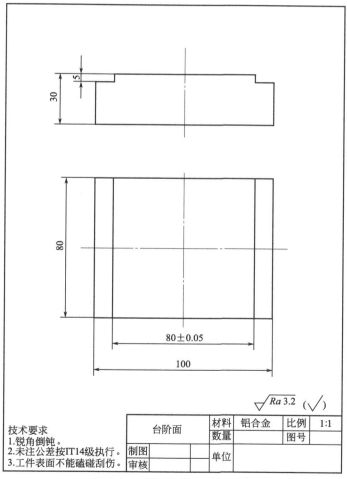

技术要求
1. 锐角倒钝。
2. 未注公差按IT14级执行。
3. 工件表面不能磕碰刮伤。

台阶面		材料	铝合金	比例	1:1
		数量		图号	
制图			单位		
审核					

图 2-21 平面类零件拓展训练

知识拓展

安全生产教育一般分为思想教育、法规教育和安全技术教育。

① 思想教育。主要是正面宣传安全生产的重要性，选取典型事故进行分析，从事故的政治影响、经济损失、个人受害后果几个方面进行教育。

② 法规教育。主要是学习国家或行业有关文件、条例以及本企业已有的具体规定、制度和纪律条文。

③ 安全技术教育。包括一般安全技术教育和专业安全技术训练。一般安全技术教育内容主要是本厂安全技术知识、工业卫生知识和消防知识，本班组动力特点、危险地点和设备安全防护注意事项；电气安全技术和触电预防；急救知识；高温、粉尘、有毒、有害作业的防护；职业病原因和预防知识；运输安全知识；保健仪器与防护用品的发放、管理和正确使用知识等。专业安全技术训练，是指对锅炉等受压容器，电、气焊接，易燃易爆、化工有毒有害、微波及射线辐射等特殊工种进行的专门安全知识和技能训练。

项目三

轮廓铣削加工

学习目标

● 掌握圆弧插补指令和刀具半径补偿的含义及应用；
● 能够利用所学代码编制出轮廓类零件的加工程序；
● 能够制定轮廓类零件的加工工艺；
● 能够运用自动加工功能独立完成轮廓类零件的加工；
● 能够对加工零件进行准确测量。

工作任务

　　轮廓面一般是由直线、圆弧或曲线组成的二维轮廓表面，尺寸精度较高，形状也较为复杂，是组成零件的最基本的要素。轮廓面加工主要是保证尺寸精度、位置精度和表面粗糙度。

　　轮廓类零件如图 3-1 所示。毛坯是六个表面已加工的尺寸为 100mm × 70mm × 30mm 的铝合金件，要求加工外轮廓表面，保证最后尺寸精度和表面粗糙度值。

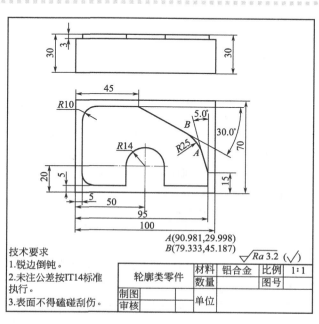

图 3-1　轮廓类零件

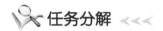

任务一　轮廓铣削相关编程指令

一、坐标平面选择指令（G17、G18、G19）

平面选择指令 G17、G18、G19 分别用来指定程序段中刀具的圆弧插补平面和刀具补偿平面。

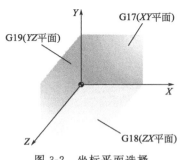

图 3-2　坐标平面选择

G17：选择 XY 平面；
G18：选择 XZ 平面；
G19：选择 YZ 平面。
坐标面选择见图 3-2。
一般数控铣床开机后，默认设定为 G17。

二、圆弧插补指令 G02、G03

G02 为顺时针圆弧插补指令，G03 为逆时针圆弧插补指令。

顺时针还是逆时针是从第三轴正向朝零点或朝负方向看，如 XY 平面内，就从 Z 轴正向朝原点观察，如图 3-3 所示。

指令格式为：

$$G17 \begin{Bmatrix} G02 \\ G03 \end{Bmatrix} X\_\_Y\_\_ \begin{Bmatrix} R\_\_ \\ I\_\_J\_\_ \end{Bmatrix};$$

$$G18 \begin{Bmatrix} G02 \\ G03 \end{Bmatrix} X\_\_Z\_\_ \begin{Bmatrix} R\_\_ \\ I\_\_K\_\_ \end{Bmatrix};$$

$$G19 \begin{Bmatrix} G02 \\ G03 \end{Bmatrix} Y\_\_Z\_\_ \begin{Bmatrix} R\_\_ \\ J\_\_K\_\_ \end{Bmatrix};$$

式中，"X""Y""Z"为 X 轴、Y 轴、Z 轴的终点坐标；"I""J""K"为圆弧起点相对于圆心点在 X、Y、Z 轴向的增量值；"R"为圆弧半径；"F"为进给速率。

终点坐标可以用绝对坐标 G90 时或增量坐标 G91 表示，但是 I、J、K 的值总是以增量方式表示。

【例题 3-1】使用 G02 对图 3-4 所示劣弧 a 和优弧 b 进行编程。

分析：在图中，a 弧与 b 弧的起点相同、终点相同、方向相同、半径相同，仅仅旋转角度不同，$\theta_a < 180°$，$\theta_b > 180°$。所以 a 弧半径以 R30 表示，b 弧半径以 R-30 表示。程序如表 3-1

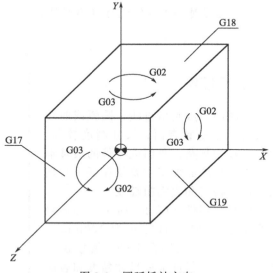

图 3-3　圆弧插补方向

所示。

表 3-1 *a* 弧和 *b* 弧的编程

类别	劣弧(*a* 弧)	优弧(*b* 弧)
增量编程	G91 G02 X30 Y30 R30 F300;	G91 G02 X30 Y30 R-30 F300;
	G91 G02 X30 Y30 I30 J0 F300;	G91 G02 X30 Y30 I0 J30 F300;
绝对编程	G90 G02 X0 Y30 R30 F300;	G90 G02 X0 Y30 R-30 F300;
	G90 G02 X0 Y30 I30 J0 F300;	G90 G02 X0 Y30 I0 J30 F300;

【例题 3-2】使用 G02、G03 对图 3-5 所示的整圆编程。

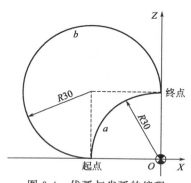

图 3-4 优弧与劣弧的编程

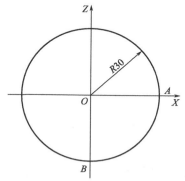

图 3-5 整圆编程

解：整圆的程序见表 3-2。

表 3-2 整圆的程序

类别	从 *A* 点顺时针一周	从 *B* 点逆时针一周
增量编程	G91 G02 X0 Y0 I-30 J0 F300;	G91 G03 X0 Y0 I0 J30 F300;
绝对编程	G90 G02 X30 Y0 I-30 J0 F300;	G90 G03 X0 Y-30 I0 J30 F300;

注意：

① 顺时针或逆时针，是从垂直于圆弧所在平面的坐标轴的正方向看到的旋转方向。

② 整圆编程时不可以使用 R 方式，只能用 I、J、K 方式。

③ 同时编入 R 与 I、J、K 时，只有 R 有效。

【例题 3-3】如图 3-6 所示，设主轴转速为 1000r/min，进给速度为 85mm/min，*A* 为起点，*B* 为终点，请编写程序。

参考程序如下。

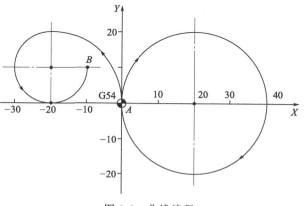

图 3-6 曲线编程

```
%
O0001;
G90 G54 G17 G00 X0 Y0 S1000 M03;
G02 I20.0 F100;
```

```
G03 X-20.0 Y20.0 I-20.0;
X-10.0 Y10.0 J-10.0;
M05;
M30;
%
```

三、刀具半径补偿指令（G40、G41、G42）

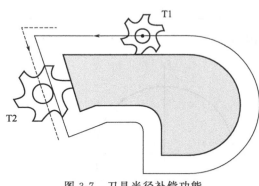

图 3-7   刀具半径补偿功能

铣削刀具的刀位点在刀具主轴中心线上，走刀路线程序是以刀位点为基准编写的，但实际加工中生成的零件轮廓是由切削点形成的。以立铣刀为例，刀位点位于刀具底端面中心，切削点位于外圆，相差一个半径值。以零件轮廓为编程轨迹，在实际加工时将过切一个半径值。为了加工出合格的零件轮廓，刀具中心轨迹应该偏移零件轮廓表面一个刀具半径值，即进行刀具半径补偿，如图 3-7 所示。采用半径补偿功能，用 T1 和 T2 两把不同直径的刀具加工零件，刀具路径都是正确的，偏移零件的距离至少为该刀具的半径。

1.刀具半径指令格式

G41 是相对于刀具前进方向左侧进行补偿，称为左偏刀具半径补偿，简称左刀补，如图 3-8（a）所示（这时相当于顺铣）。G42 是相对于刀具前进方向右侧进行补偿，称为右偏刀具半径补偿，简称右刀补，如图 3-8（b）所示（这时相当于逆铣）。从刀具寿命、加工精度、表面粗糙度而言，顺铣效果较好，因此 G41 使用较多。G40 指令为取消刀具半径补偿。

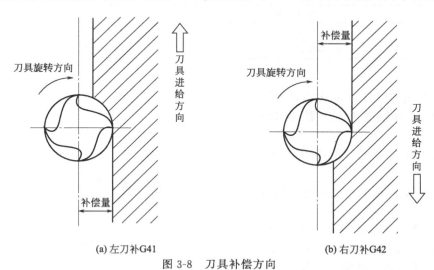

(a) 左刀补G41   (b) 右刀补G42

图 3-8   刀具补偿方向

格式：

$$\left.\begin{matrix} G17 \\ G18 \\ G19 \end{matrix}\right\} \left\{\begin{matrix} G01 \\ \overline{G00} \end{matrix}\right\} \left\{\begin{matrix} G\ 41 \\ G\ 42 \\ G\ 40 \end{matrix}\right\} \left\{\begin{matrix} X\ \_\_\ Y\ \_\_ \\ X\ \_\_\ Z\ \_\_ \\ Y\ \_\_\ Z\ \_\_ \end{matrix}\right\};$$

说明如下。

① D 是刀补号地址，是系统中记录刀具半径的存储器地址，后面的整数是刀补号，用来调用内存中刀具半径补偿的数值。每把刀具的刀补号地址有 D01～D09 共 9 个，其值可以用 MDI 方式预先输入在内存刀具表中相应的刀具号内。

② G40 是取消刀具半径补偿功能，所有平面取消刀具半径补偿的指令均为 G40。

③ G40、G41、G42 都是模态代码，可以互相注销。

2. 刀具半径补偿的过程

刀具半径补偿可分为三步：刀补建立、运行、取消，如图 3-9 所示。下面以 G41 指令为例进行说明。

（1）刀补的建立

为使刀具从无半径补偿运动到所希望的半径补偿起点，必须用 G00 或 G01 指令来建立半径补偿。设铣刀起点为 O 点，从 A 点切入加工外轮廓。若在 $O \rightarrow A$ 运动程序段中刀补指令为 G41 时，数控系统将在 A 点处形成一个与 AB 轮廓垂直的新矢量 AO_1，且 O_1 为相对 A 点向左偏置一个刀具半径所得，铣刀实际切入路线是 $A \rightarrow O_1$。

（2）刀补进行

刀具半径补偿是模态指令，没有取消前一直持续有效。

（3）刀补取消

当加工不再需要半径补偿时应取消刀补，如返回起点、换刀之前等均应取消刀补。用 G40 取消。

3. 应用中应注意的问题

① 刀具半径补偿指令 G41、G42 必须结合 G00、G01 使用，不能使用在 G02、G03 程序段中。

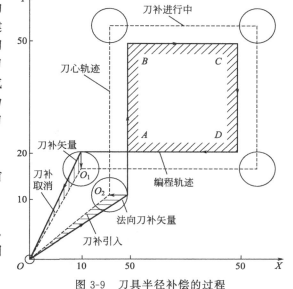

图 3-9　刀具半径补偿的过程

② 刀补的建立应在切入所需轮廓之前，刀补的取消应在切出所需轮廓之后，否则有可能发生过切或欠切的情况。

③ 刀具半径补偿建立后，在其作用范围内，不能连续出现两段或两段以上的非补偿平面内的移动指令或其他指令（如 M 代码和 Z 向移动）等。

④ 在实际生产中，为了保证零件的加工精度，常采用刀具半径补偿功能实现粗、精加工。如在上例中，若零件轮廓需粗、精加工，采用 $\phi10$mm 的立铣刀，精加工余量为 0.5mm。粗加工时，刀补存储号为 D01，补偿值设置为 5.5mm，精加工时存储号为 D02，补偿值设置为 5.0mm。

例如，如图 3-10 所示，起始点在（0，0），高度在 50mm 处，使用刀具半径补偿时，由于接近零件及切削零件要有 Z 轴的移动，如果执行如下程序的 N40、N50 连续进行 Z 轴移动，容易出现过切削现象。

```
O5002;
N10 G90 G54 G00 X0 Y0 M03 S500;
N20 G00 Z50;                    安全高度
N30 G41 X20 Y10 D01;            建立刀具半径补偿
```

```
N40 Z10;
N50 G01 Z-10.0 F50;                连续z轴移动,会产生过切
N60 Y50;
N70 X50;
N80 Y20;
N90 X10;
N100 G00 Z50;                      抬刀到安全高度
N110 G40 X0 Y0 M05;                取消刀具半径补偿
N120 M30;
```

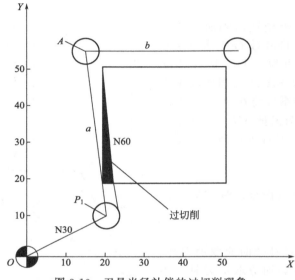

图 3-10   刀具半径补偿的过切削现象

以上程序在运行 N60 时，产生过切现象，如图 3-10 所示。其原因是当 N30 刀具补偿建立后，进入刀具补偿状态后，系统只能读入 N40、N50 两段，但由于 Z 轴是非刀具补偿平面的轴，而且又读不到 N60 以后程序段，也就做不出偏移矢量，刀具确定不了前进的方向，此时刀具中心未加上刀具补偿而直接移动到了无补偿的 P_1 点。当执行完 N40、N50 后，再执行 N60 段时，刀具中心从 P_1 点移至交点 A，于是发生过切。

为避免过切，可将上面的程序改成下述形式。

```
O5003;
N10 G90 G54 G00 X0 Y0 M03 S500;
N20 G00 Z50;                       安全高度
N30 Z10;
N40 G41 X20 Y10 D01;               建立刀具半径补偿
N50 G01 Z-10.0 F50;                连续z轴移动,会产生过切
N60 Y50;
...
```

4. 刀具半径补偿的应用

刀具半径补偿除方便编程外，还可利用改变刀具半径补偿值的大小，实现利用同一程序进行粗、精加工，即：

粗加工刀具半径补偿＝刀具半径＋精加工余量

精加工刀具半径补偿＝刀具半径＋修正量

① 因磨损、重磨或换新刀而引起刀具半径改变后，不必修改程序，只需在刀具参数设置中输入变化后的刀具半径。如图 3-11（a）所示，只需将刀具参数表中的刀具半径 r_1 改为 r_2，即可适用同一程序。

② 同一程序中，同一尺寸的刀具，利用半径补偿可进行粗、精加工。如图 3-11（b）所示，刀具半径为 r，精加工余量为 Δ。粗加工时，输入刀具半径 $r+\Delta$，则加工出点画线轮廓；精加工时，用同一程序，同一刀具，但输入刀具半径 r，则可加工出实线轮廓。

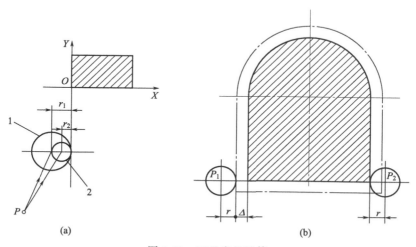

图 3-11　刀具半径补偿
1—未磨损刀具；2—磨损后刀具

任务二　轮廓铣削常用刀具

1. 立铣刀

立铣刀是数控机床上用得最多的一种铣刀，其结构如图 3-12 所示。立铣刀的圆柱表面和端面上都有切削刃，可同时进行切削，也可单独进行切削。圆柱表面的切削刃为主切削刃，端面上的切削刃为副切削刃。主切削刃一般为螺旋齿，这样可以增加切削平稳性，提高加工精度。由于普通立铣刀端面中心处无切削刃，所以立铣刀不能作轴向进给。端面刃主要用来加工与侧面相垂直的底平面。

为了能加工较深的沟槽，并保证有足够的备磨量，立铣刀的轴向长度一般较长。为改善切削卷曲情况，增大容屑空间，防止切屑堵塞，立铣刀一般刀齿数比较少，容屑槽圆弧半径较大。一般粗齿立铣刀齿数 $z=3\sim4$，适用于粗加工；细齿立铣刀齿数 $z=5\sim8$，适用于半精加工；套式结构 $z=10\sim20$，容屑槽圆弧半径 $r=2\sim5$mm。立铣刀直径较大时，可制成不等齿距结构，以增强抗振作用，使切削过程平稳。

图 3-12　立铣刀

立铣刀的直径范围是 2～80mm，柄部有直柄、莫氏锥柄、7∶24 锥柄等多种形式。高速钢立铣刀（图 3-13）应用较广，但切削效率较低。硬质合金可转位式立铣刀基本结构与高速钢立铣刀相似，但切削效率是高速钢立铣刀的 2～4 倍，且适合于数控铣床、加工中心上的切削加工，如图 3-14 所示。

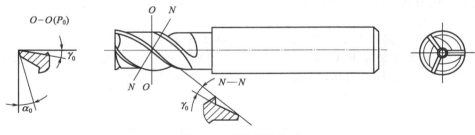

图 3-13   高速钢立铣刀

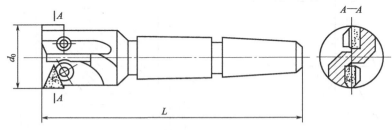

图 3-14   硬质合金可转位式立铣刀

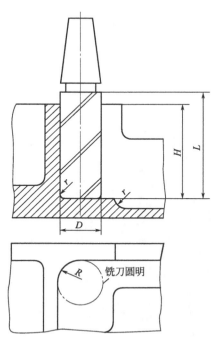

图 3-15   立铣刀尺寸参数

如果条件允许，尽量不用高速钢立铣刀加工毛坯面，防止刀具的磨损和崩刃。毛坯面可用硬质合金立铣刀加工。

加工凹槽轮廓的立铣刀尺寸（见图 3-15），推荐按下述经验数据选取。

① 刀具半径 R 应小于零件内轮廓面的最小曲率半径 ρ，一般取 $R = (0.8 \sim 0.9)\rho$；

② 零件的加工高度 $H \leqslant (1/4 \sim 1/6)R$，以保证刀具有足够的刚度；

③ 对不通孔（深槽），选取 $L = H + (5 \sim 10)\text{mm}$；

④ 加工外形及通槽时，选取 $L = H + r + (5 \sim 10)\text{mm}$（$r$ 为端刃圆角半径）。

3. 模具铣刀

模具铣刀（图 3-16）由立铣刀发展而来，可分为圆锥形立铣刀（圆锥半角取 3°、5°、7°、10°）、圆柱形球头立铣刀和圆锥形球头立铣刀三种，其柄部有直柄、削平型直柄和莫氏锥柄几种。它的结构特点是球头或端面上布满了切削刃，圆周刃与球头刃圆弧连接，可以作径向和轴向进给。铣刀工作部分用高速钢或硬质合金制造。一般，$d = 4 \sim 6\text{mm}$。图 3-17 所示为高速钢制造的模具铣刀，图 3-18 所示为用硬质合金制造的模具铣刀。小规格的硬质合金模具铣刀多制成整体结构，直径 $\phi16\text{mm}$ 以上的模具铣刀制成焊接或机夹可转位刀片结构。

图 3-16　模具铣刀

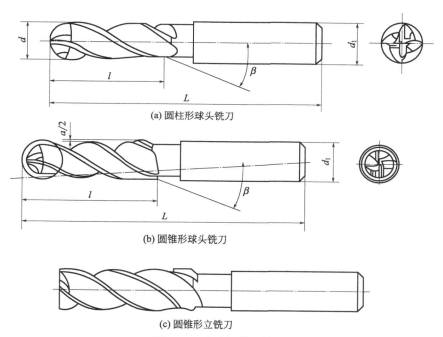

(a) 圆柱形球头铣刀

(b) 圆锥形球头铣刀

(c) 圆锥形立铣刀

图 3-17　高速钢模具铣刀

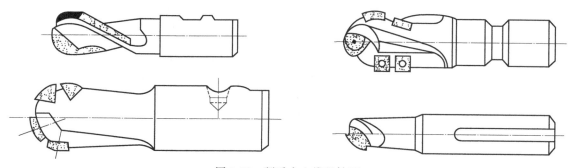

图 3-18　硬质合金模具铣刀

任务三　轮廓铣削的工艺知识

一、外轮廓铣削走刀路线和加工方法

（1）垂直方向进、退刀

如图 3-19 所示，刀具沿 Z 轴下刀后，垂直接近工件表面，这种方法进给路线短，但工件表面有接刀痕。

（2）直线切向进、退刀

如图 3-20 所示，刀具沿 Z 轴下刀后，从工件外延长直线切向进刀，退刀时沿切向退出，这样切削工件时不会产生接刀痕。

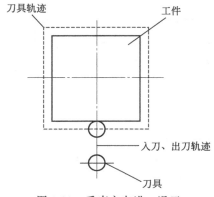

图 3-19　垂直方向进、退刀

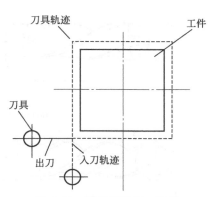

图 3-20　直线切向进、退刀

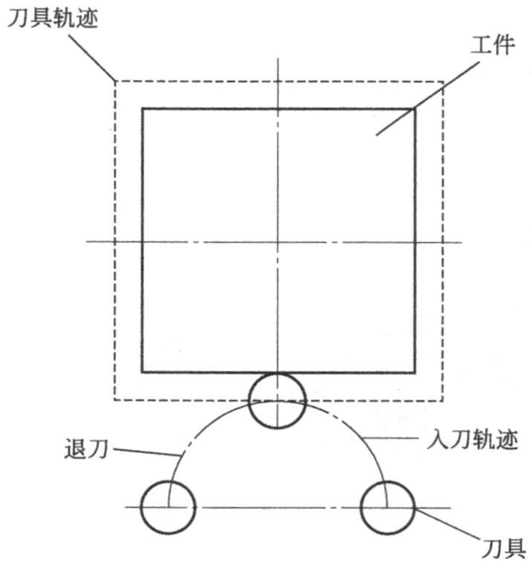

图 3-21　圆弧切入进、退刀

（3）圆弧切向进、退刀

如图 3-21 所示，刀具沿圆弧切向切入、切出工件，工件表面没有接刀痕迹。

当零件的外轮廓由圆弧组成时，要注意安排好刀具的切入、切出，应尽量避免交界处重复加工，否则会出现明显的界限痕迹。为了保证零件的表面质量，减少接刀痕迹，对刀具的切入、切出程序要精心设计。如图 3-22 所示，铣刀应沿零件轮廓曲线的延长线切入和切出零件表面，这样可以避免加工表面产生划痕，保证零件轮廓光滑。

如图 3-22 所示，在加工整圆时，要安排刀具从切向进入圆周铣削加工，当整圆加工完毕后，不要在切点处直接退刀，而让刀具多运动一段距离，最好沿切线方向退出，以免取消刀具补偿时，刀具与工件表面相碰撞，造成工件报废。

（4）采用行切加工法加工曲面

铣削曲面时，常用球头刀采用行切加工法。对于边界敞开的曲面加工，可采用两种加工路线。如图 3-24 所示，对于发动机大叶片，当采用图 3-24（a）的加工方案时，每次沿直线加工，刀位点计算简单，程序少，最后得到的加工面由直纹面形成，可以准确保证母线的直线度。当采用图 3-24(b) 所示的加工方案时，符合这类零件表面数据的实际情况，便于加工后检验，叶片叶形的准确度高，但程序较多。由于曲面零件的边界是敞开的，没有其他表面限制，所以曲面边界可以延伸，球头刀应由边界处开始加工。

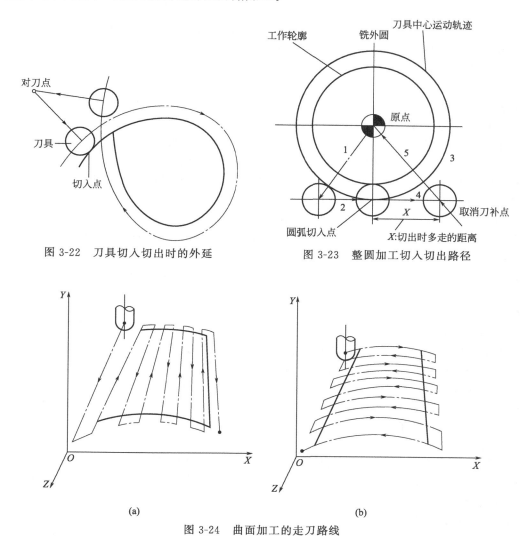

图 3-22　刀具切入切出时的外延

图 3-23　整圆加工切入切出路径

(a)

(b)

图 3-24　曲面加工的走刀路线

二、加工精度分析

加工精度就是零件在加工以后的几何参数（尺寸、形状和相互位置）的实际值与理想值相符合的程度。符合程度越高，精度越高；反之，则精度越低。加工精度高低常用加工误差来表示，加工误差越大，则精度越低；反之，则精度越高。

在机械加工过程中，机床、夹具、刀具和工件构成一个系统，称为工艺系统。工艺系统中的各种误差将会不同程度地反映到工件上，成为加工误差。

工艺系统的各种误差即成为影响加工精度的因素，按其性质不同，可归纳为四个方面：工艺系统的几何误差、工艺系统因受力变形引起的误差、工艺系统因受热变形引起的误差和工件内应力引起的误差。

1. 工艺系统的几何误差

工艺系统的几何误差是机床、夹具、刀具及工件本身存在的误差，又称为工艺系统的静误差。静误差主要包括加工原理误差、机床的几何误差、刀具误差、夹具误差、工件定位误差和调整误差等。

（1）加工原理误差

加工原理误差是指采用了近似的加工方法所引起的误差。如加工列表曲线时用数学方程曲线逼近被加工曲线所产生的逼近误差、用直线或圆弧插补方法加工非圆曲线时产生的插补误差等，减小此类误差的方法是提高逼近和插补精度。

（2）机床的几何误差

机床的几何误差包括机床的制造误差、安装误差和使用后产生的磨损等。对加工精度影响较大的主要是机床主轴误差、机床导轨误差和传动误差。

① 机床主轴误差。机床主轴是安装工件或刀具的基准，机床主轴将切削主运动和动力传给工件或刀具。因此，机床主轴的旋转误差直接影响工件的加工精度。机床主轴的旋转误差包括径向旋转误差和轴向旋转误差两个部分。径向旋转误差主要影响工件的圆度，轴向旋转误差主要影响被加工面的平面度误差和垂直度误差。

② 机床导轨误差。机床床身导轨是确定各主要部件相对位置的基准和运动的基准。它的各项误差直接影响工件的加工精度。它对较短工件的影响不太大，但当工件较长时，其影响就不可忽视。

③ 传动误差。机床的切削运动是通过某些传动机构来实现的，这些机构本身的制造、装配误差和工作中的磨损，将引起切削运动的不准确。

（3）刀具误差

机械加工中的刀具分为普通刀具、定尺寸刀具和成形刀具三类。普通刀具，如车刀、铣刀等，车刀的刀尖圆弧半径和铣刀的直径值在通过半径补偿功能进行补偿时，如果因磨损发生变化就会影响加工尺寸的准确性。定尺寸的刀具如钻头、铰刀、拉刀等，其尺寸、形状误差以及使用后的磨损将会直接影响加工表面的尺寸与形状；刀具的安装误差会使加工表面尺寸扩大（如铣刀安装时刀具轴线与主轴轴线不同轴，就相当于加大了刀具半径）。成形刀具的形状误差则直接影响加工表面的形状精度。

（4）夹具误差

夹具误差主要是指定位元件对定位装置及夹具体等零件的制造、装配误差及工作表面磨损等。夹具确定工件与刀具（机床）间的相对位置，所以夹具误差对加工精度尤其是加工表面的相对位置精度，有很大影响。

（5）工件定位误差

工件的定位误差是指由于定位不正确所引起的误差，它对加工精度也有直接的影响。

（6）调整误差

在机械加工时，工件与刀具的相对位置需要进行必要的调整（如对刀、试切）才能准确。影响调整误差的主要因素有：测量误差、进给机构微量位移误差、重复定位误差等。

2. 工艺系统受力变形引起的加工误差

在机械加工过程中，工艺系统在切削力、夹紧力、传动力、重力、惯性力等外力作用下会引起相应的变形和在连接处产生位移，致使工件和刀具的相对位置发生变化，从而引起加工误差。这种误差往往在工件总加工误差中占较大比重。

工艺系统的刚度：刚度是物体或系统抵抗外力使其发生变形的能力，用变形方向上的外力与变形量的比值 K 来表示。

$$K = F/Y$$

式中　　F——静载外力，N；

　　　　Y——在外力作用方向上的静变形量，mm。

机械加工过程中，由吃刀抗力 F_y 引起的工艺系统受力变形对加工精度影响最大，所以常用吃刀抗力测定机床的静刚度，即

$$K = F_y/Y$$

变形量 $Y = F_y/K$

由上式可以看出，要减小因受力引起的变形，就要提高工艺系统的刚度。

3. 工艺系统热变形所引起的加工误差

工艺系统在各种热源作用下将产生复杂的热变形，使工件和刀具的相对位置发生变化，或因加工后工件冷却收缩，从而引起加工误差。

数控机床大多进行精密加工，由于工艺系统热变形引起的加工误差占总误差的 40%～70%。因此，许多数控机床要求工作环境保持恒温，在加工过程中使用冷却液等方法可以有效地减小工艺系统的热变形。

4. 工件内应力所引起的变形

内应力是指当外部的载荷去除以后，仍然残存在工件内部的应力。如果零件的毛坯或半成品有内应力，则在继续加工时被切去一层金属，破坏了原有表面上的平衡，内应力将重新分布，工件发生变形。这种情况在粗加工时最为明显。

引起内应力的主要原因是热变形和力变形。在铸、锻、焊、热处理等热加工过程中，由于毛坯各部分冷却收缩不均匀而引起的应力称为热应力。在进行冷轧、冷校直和切削时，由于毛坯或工件受力不均匀，产生局部变形所引起的内应力称为塑变应力。

去除工件内应力的方法是进行时效处理，时效处理分为自然时效和人工时效两种，自然时效是在大气温度变化的影响下使内应力逐渐消失的时效处理方法，一般需要二三个月甚至半年以上的时间。人工时效是使毛坯或半成品加热后随加热炉缓慢冷却，达到加快内应力消失的时效处理方法，用时较短。大型零件、精度要求高的零件在粗加工后要经过时效处理才能进行精加工；精度要求特别高的工件要经过几次时效处理。

三、表面质量分析

零件的表面质量包括表面粗糙度、表面波度和表面层物理力学性能。表面粗糙度是指表面微观几何形状误差，表面波度是指周期性的几何形状误差，表面层物理力学性能主要是指表面冷作硬化和残余应力等。

影响表面质量的因素如下。

1. 影响表面粗糙度的因素

① 刀具切削刃的几何形状。刀具相对工件作进给运动时，在加工表面上留下了切削层残留面积，残留面积越大，表面粗糙度越大。要减小切削层残留面积，可以采取减小刀具主、副偏角和增大刀尖圆弧半径等措施。

② 工件材料的性质。切削塑性材料时，切削变形大，切屑与工件分离产生的撕裂作用加大了表面粗糙度。所以在切削中、低碳钢时，为改善切削性能可在加工前进行调质或正火处理。一般情况下，硬度在 170～230HBW 范围内的材料切削性能较好。切脆性材料时，切屑呈碎粒状，切屑崩碎时会在表面留下麻点，使表面粗糙。如果降低切削用量，使用煤油润滑冷却，则可减轻切屑崩碎现象，从而减小表面粗糙度。

③ 切削用量。在一定的切削速度范围内，加工塑性材料容易产生积屑瘤或鳞刺，应避开这个切削速度范围（一般为小于 80m/min 时）。适当减小进给量可减小残留面积，减小表面粗糙度值。一般背吃刀量对表面粗糙度值影响不大。

④ 工艺系统的振动。工艺系统的振动分为强迫振动和自激振动两类。强迫振动是由外界周期性干扰力的作用而引起的，如断续切削、旋转零部件不平衡，传动系统的制造和装配误差等引起的振动也是强迫振动。自激振动是在切削过程中，由工艺系统本身激发的，自激振动伴随整个切削过程。

减小强迫振动的主要途径是消除振源、采取隔振措施和提高系统刚度等。抑制自激振动的主要措施是合理地确定切削用量和刀具的几何角度，提高工艺系统各环节的抗振性（如增加接触刚度，加工时增加工件的辅助支承）以及采用减振器等。

2. 影响表面冷硬、残余应力的因素

① 影响表面冷硬的因素。影响表面冷硬的主要因素是刀具的几何形状和切削用量。刀具的刃口圆弧半径大，对表面层的挤压作用大，使冷作硬化现象严重。增大刀具前角，可减小切削层塑性变形程度，冷硬现象减小。切削速度适当增大，切削层塑性变形增大，冷硬严重，此外，工件材料塑性大，冷硬也严重。

② 影响表面残余应力的因素。如切削温度不高，表面层以冷塑变形为主，将产生残余压应力；如切削温度高，表面层产生热塑变形，将产生残余拉应力。表面残余应力将引起工件变形，尤其是表面拉应力将会降低其疲劳强度。

表面残余应力可通过光整加工、表面强化、表面热处理和时效处理等方法消除。

任务四　完成轮廓零件案例的编程和加工

一、加工工艺设计

1. 加工图样分析

该零件外轮廓由直线和圆弧面组成，内轮廓为圆弧面型腔。尺寸精度：外轮廓约为 IT9 级精度，内轮廓为 IT7 级精度，表面粗糙度为 $Ra3.2\mu m$，没有形位公差要求，加工精度要求中等。

2. 加工方案确定

根据图样加工要求，外轮廓面可采用立铣刀粗铣→精铣完成。内轮廓采用键槽铣刀经粗铣→精铣完成。

3. 装夹方案确定

毛坯为长方体零件，可选平口虎钳装夹，工件上表面高出钳口 15mm 左右。

4. 确定刀具

加工该零件，可选用立铣刀和键槽铣刀铣削。刀具及参数见表 3-3。

表 3-3　刀具及参数

数控加工刀具卡		工序号	程序编号	产品名称	零件名称		材料	零件图号
		1	O0003		轮廓零件		铸铝	
序号	刀具号	刀具名称	刀具规格		补偿值		刀补号		备注
			直径	长度	半径	长度	半径	长度	
1	T01	立铣刀（3 齿）	$\phi16mm$		8.3		D01		高速钢
编制		审核		批准		年　月　日		共　页	第　页

5. 确定加工工艺

该零件精度要求中等，对内外轮廓面的铣削可作为一道工序。只需对其粗铣一次，然后精铣一次，即可保证精度。加工工艺见表 3-4。

表 3-4　加工工艺

数控加工工艺卡			产品名称	零件名称	材料	零件图号
				轮廓零件	铝合金	
工序号	程序编号	夹具名称	夹具编号	使用设备	车间	工序时间
1	O0004	平口虎钳		XKA714B/F	实训中心	
工步号	工步内容	刀具名称	主轴转速 /r·min⁻¹	进给速度 /mm·min⁻¹	背吃刀量 /mm	侧吃刀量 /mm	备注
1	粗铣外轮廓	T01	500	120	4.8		
2	精铣外轮廓	T01	600	80	5	0.3	
编制		审核		批准		年 月 日	共 页	第 页

二、程序编制与加工

1. 工件坐标系建立

根据工件尺寸标注特点，编程坐标系原点设置在加工面左下角，如图 3-25 所示。

2. 基点坐标计算

分别计算出各特征点的坐标值，如图 3-25 所示。

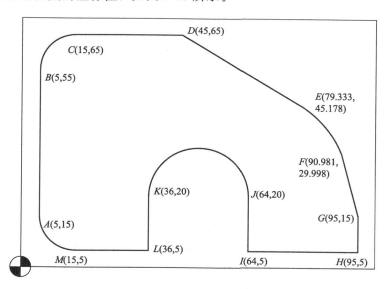

图 3-25　工件坐标原点及特征点坐标值

3. 编制加工程序

根据前面的工艺分析和坐标计算，编制轮廓粗加工程序。如表 3-5 所示。精加工时，只需修改粗加工程序的转速、进给速度、背吃刀量和刀补值即可。填写加工程序单。

表 3-5　外轮廓粗加工铣削程序单

数控铣削程序单			刀具号	刀具名	刀具作用
单位名称	零件名称	零件图号	T01	立铣刀	铣削外轮廓
	轮廓类零件				
段号	程序号	O0004			
	O0004;		主程序号		
N5	G90 G54 G00 X0 Y0 Z100;		建立工件坐标系，刀具移动到原点上100mm处		
N10	M03 S500;		主轴正传，转速500r/min		
N15	Z10;		快速到达安全高度		
N20	G41 X5 Y-8 D01;		快速移动到起到点，并建立刀具半径补偿		
N25	G01 Z-2.8 F120;		以给定速度下刀至−2.8mm		
N30	Y55;		延长线进刀，经过A点直线插补到B点		
N35	G02 X15 Y65 R10;		圆弧插补到C点		
N40	G01 X45;		直线插补到D点		
N45	X79.333 Y45.178;		圆弧插补到E点		
N50	G02 X90.981 Y29.998 R25;		直线插补到F点		
N55	G01 X95 Y15;		圆弧插补到G点		
N60	Y5;		直线插补到H点		
N65	X64;		圆弧插补到I点		
N70	Y20;		直线插补到J点		
N75	G03 X36 R14;		圆弧插补到K点		
N80	G01 Y5;		直线插补到L点		
N85	X15;		直线插补到M点		
N90	G02 X5 Y15 R10;		圆弧插补到A点		
N92	G01 X0		延长线退刀		
N95	G00 Z100;		抬刀至100mm处		
N100	G40 X0 Y0;		取消刀具半径补偿		
N105	M05;		刀具停转		
N110	M30;		程序结束返回程序头		
编制		审核	批准	年 月 日　　共 页	第 页

4. 程序调试与加工
① 将实训学生分组，每组6人，小组成员分工协作完成零件加工。
② 将程序输入数控系统，先进行图形模拟，然后分别进行粗、精加工，保证最后尺寸。
③ 加工完成，卸下工件，清理机床。

三、考核评价

1. 学生自检
学生完成零件自检，填写"考核评分表"，见表3-6，并同刀具卡、工序卡和程序单一起上交。

2. 成绩评定

教师协同组长，对零件进行检测，对刀具卡、工序卡和程序单进行批改，对学生整个任务的实施过程进行分析，并填写"考核评分表"，对每个学生进行成绩评定。

表 3-6　考核评分表

零件名称	轮廓零件		零件图号		操作人员		完成工时	
序号	鉴定项目及标准		配分	评分标准（扣完为止）	自检	检查结果	得分	
1	任务实施 （45分）	填写刀具卡	5	刀具选用不合理扣5分				
2		填写加工工序卡	5	工序编排不合理每处扣1分 工序卡填写不正确每处扣1分				
3		填写加工程序单	10	程序编制不正确每处扣1分				
4		工件安装	3	装夹方法不正确扣3分				
5		刀具安装	3	刀具安装不正确扣3分				
6		程序录入	3	程序输入不正确每处扣1分				
7		对刀操作	3	对刀不正确每次扣1分				
8		零件加工过程	3	加工不连续，每终止一次扣1分				
9		完成工时	4	每超时5min扣1分				
10		安全文明	6	撞刀，未清理机床和保养设备扣6分				
11	工件质量 （45分）	长度 尺寸	10	尺寸每超0.1扣2分				
12		长度 表面粗糙度	5	每降一级扣2分				
13		宽度 尺寸	10	尺寸每超0.1扣2分				
14		宽度 表面粗糙度	5	每降一级扣2分				
15		角度 尺寸	10	尺寸每超0.1扣2分				
		角度 表面粗糙度	5	每降一级扣2分				
16 17	误差分析 （10分）	零件自检	4	自检有误差每处扣1分，未自检扣4分				
18		填写工件误差分析	6	误差分析不到位扣1～4分， 未进行误差分析扣6分				
合计			100					

误差分析（学生填）

_____

考核结果（教师填）

_____

检验员		记分员		时间		年　月　日

🖊 **课后练习** ◁◁◁

1. 对影响尺寸精度的因素及改进方法进行探究，并填写表 3-7。

表 3-7   影响尺寸精度因素及改进方法

序号	影响因素	改进方法及保证措施
1	工件定位与装夹	
2	刀具的磨损与刚度	
3	切削温度	
4	切削参数	
5	工件测量	

2.图 3-26 所示零件为圆角垫板，工件的上下表面和中心孔已经在前一道工序中加工了。现在如图 3-27 所示建立工件坐标系和布置进给路线。请选用 $\phi 20mm$ 立铣刀完成零件的加工程序。

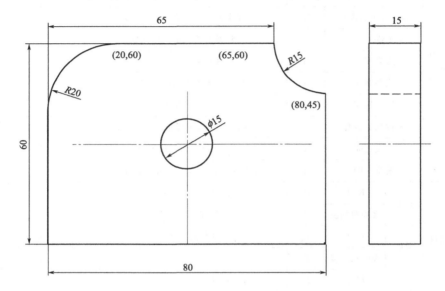

图 3-26   轮廓类零件

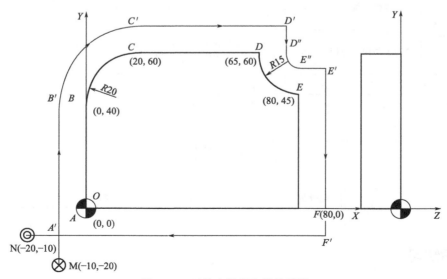

图 3-27   工件坐标系和进给路线

3. 完成图 3-28～图 3-30 所示轮廓类零件的编程和加工。

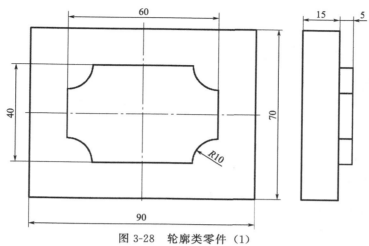

图 3-28 轮廓类零件 (1)

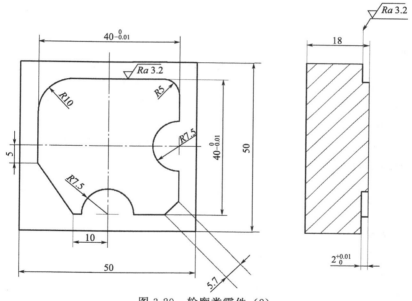

图 3-29 轮廓类零件 (2)

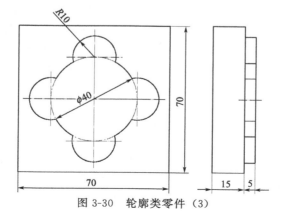

图 3-30 轮廓类零件 (3)

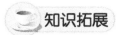 **知识拓展**

一、数控设备使用中应注意的问题

1.数控设备的使用环境

为提高数控设备的使用寿命，一般要求避免阳光的直接照射和其他热辐射，要避免太潮湿、粉尘过多或有腐蚀性气体的场所。精密数控设备要远离振动大的设备，如冲床、锻压设备等。

2.良好的电源保证

为了避免电源波动幅度大（大于±10%）和可能的瞬间干扰信号等的影响，数控设备一般采用专线供电（如从低压配电室分一路单独供数控机床使用）或增设稳压装置等。

3.制定有效操作规程

在数控机床的使用与管理方面，应制定一系列切合实际、行之有效的操作规程。例如润滑、保养、合理使用及规范的交接班制度等，是数控设备使用及管理的主要内容。制定和遵守操作规程是保证数控机床安全运行的重要措施之一。实践证明，众多故障都可由遵守操作规程而减少。

4.数控设备不宜长期封存

购买数控机床以后要充分利用，尤其是投入使用的第一年，使其容易出故障的薄弱环节尽早暴露，这样可以在保修期内得以排除。加工中，尽量减少数控机床主轴的启闭，以降低对离合器、齿轮等器件的磨损。没有加工任务时，数控机床也要定期通电，最好是每周通电 $1\sim2$ 次，每次空运行 1h 左右，以利用机床本身的发热量来降低机内的湿度，使电子元件不致受潮，同时也能及时发现有无电池电量不足报警，以防止系统设定参数的丢失。

二、数控设备的预防性维修

预防性维修就是要注意把有可能造成设备故障和出了故障后难以解决的因素排除在故障发生之前。一般来说应包含：设备的选型、设备的正确使用和运行中的巡回检查。

1.从维修角度看数控设备的选型

在设备的选型调研中，除了设备的可用性参数外，其可维修性参数应包含：设备的先进性、可靠性、可维修性技术指标。先进性是指设备必须具备时代发展水平的技术含量；可靠性是指设备的平均无故障时间、平均故障率，尤其是控制系统是否通过国家权威机构的质检考核等；可维修性是指其是否便于维修，是否有较好的备件市场购买空间，各种维修的技术资料是否齐全，是否有良好的售后服务，维修技术能力是否具备和设备性能价格比是否合理等。这里特别要注意图纸资料的完整性、备份系统盘、PLC 程序软件、系统传输软件、传送手段、操作口令等，缺一不可。对使用方的技术培训要求必须在定货合同中加以注明和认真实施，否则将对以后的工作带来后患。另外，如果不是特殊情况，应尽量选用同一家的同一系列的数控系统，这样，对备件、图纸、资料、编程、操作都有好处，同时也有利于设备的管理和维护。

2.坚持设备的正确使用

数控设备的正确使用是减少设备故障、延长使用寿命的关键，它在预防性维修中占有很重要的地位。据统计，有三分之一的故障是人为造成的，而且一般性维护（如注油、清洗、检查等）是由操作者进行的。对于这类故障，解决的方法是：强调设备管理、使用和维护意识，加强业务、技术培训，提高操作人员素质，使他们尽快掌握机床性能，严格执行设备操作规程和维护保养规程，保证设备运行在合理的工作状态之中。

3. 坚持设备运行中的巡回检查

数控设备具有先进性、复杂性和智能化高的特点，这就使得它的维护、保养工作比普通设备复杂且要求高得多。维修人员应通过经常性的巡回检查，如 CNC 系统的排风扇运行情况，机柜、电动机是否发热，是否有异常声音或有异味，压力表指示是否正常，各管路及接头有无泄漏，润滑状况是否良好等，积极做好故障和事故预防，若发现异常应及时解决，这样做才有可能把故障消灭在萌芽状态之中，从而尽可能减少一些可避免的损失。

项目四

键槽、型腔铣削加工

学习目标

- 进一步掌握坐标相关指令和长度补偿指令；
- 能够制定键槽、型腔类零件的加工工艺；
- 能够熟练编制键槽、型腔零件的加工程序；
- 能够运用自动加工功能独立完成键槽、型腔类零件的加工；
- 能够对加工零件进行准确测量。

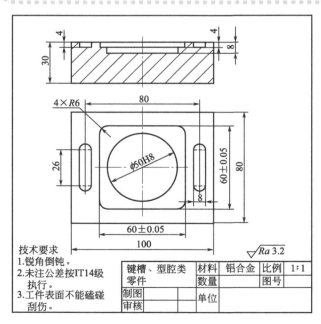

技术要求
1. 锐角倒钝。
2. 未注公差按IT14级执行。
3. 工件表面不能磕碰刮伤。

键槽、型腔类零件	材料	铝合金	比例	1:1
	数量		图号	
制图		单位		
审核				

图 4-1　键槽型腔零件

工作任务

键槽和型腔类零件一般带有孔或槽等腔类结构，大多为方圆结合类零件。这类零件对尺寸精度、形位精度和表面粗糙度要求都比较高，且在封闭区域内加工，加工条件差，加工难度大。本项目以键槽和型腔铣削为例，介绍了该类零件加工的相关工艺知识、编程指令、量具及编程加工技巧等。

零件如图 4-1 所示。毛坯是六个表面已加工的尺寸为 100mm × 80mm × 30mm 的铝合金件，要求加工键槽及方形和圆形型腔，保证最后尺寸精度和表面粗糙度值。

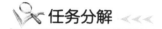

任务分解 ‹‹‹

任务一 相关编程指令

一、参考点指令（G27、G28、G29、G30）

1. 返回参考点检查指令（G27）

数控机床通常是长时间连续运转的，为了提高加工的可靠性及保证零件尺寸的正确性，可用 G27 指令来检查零件原点的正确性。指令格式为

```
G90(G91) G27 X __ Y __ Z __;
```

在 G90 方式下，X、Y、Z 值指机床参考点在零件坐标系的绝对值坐标；在 G91 方式下 X、Y、Z 表示机床参考点相对刀具目前所在位置的增量坐标。

当加工完成一循环，在程序结束前，执行 G27 指令，则刀具将以快速定位（G00 移动方式自动返回机床参考点），如果刀具到达参考点位置，则操作面板上的参考点返回，指示灯会亮；若零件原点位置在某一轴向上有误差，则该轴对应的指示灯不亮，且系统将自动停止执行程序，发出报警提示。

使用 G27 指令时，若先前建立了刀具半径或长度补偿，则必须先用 G40 或 G49 将刀具补偿撤销后，才可使用 G27 指令。例如，对于加工中心可编写如下程序：

```
...
M06 T01;              换 1 号刀
G40 G49;              撤销刀具补偿
G27 X385.6 Y210.8 Z226.0;   返回参考点检查
...
```

2. 自动返回参考点指令（G28）

该指令可使坐标轴自动返回参考点。指令格式为：

```
G28 X __ Y __ Z __;
```

其中，X、Y、Z 为返回机床参考点时所经过的中间点坐标。

指令执行后，所有受控轴都将快速定位到中间点，然后再从中间点到机床参考点，如图 4-2(a) 所示。

G91 方式编程如下：

```
G91 G28 X100.0 Y150.0;
```

G90 方式编程如下：

```
G90 G54 G28 X300.0 Y250.0;
```

对于加工中心，G28 指令一般用于自动换刀，在使用该指令时应首先撤销刀具的补偿功能。如果需要坐标轴从目前位置直接返回参考点，一般用增量方式指令，如图 4-2(b) 所示，

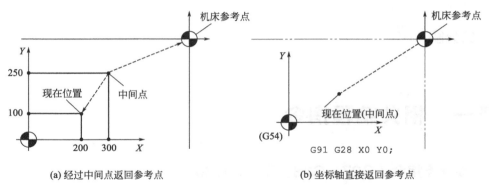

(a) 经过中间点返回参考点　　　　　　(b) 坐标轴直接返回参考点

图 4-2　G28 指令图标

其程序编制如下：

```
G91 G28 X0 Y0;
```

3. 从参考点返回指令（G29）

该指令的功能是使刀具由机床参考点经过中间点到达目标点。

指令格式：

```
G29 X __ Y __ Z __;
```

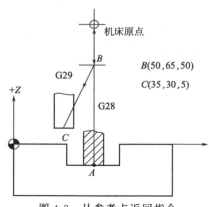

图 4-3　从参考点返回指令

这条指令一般紧跟在 G28 指令后使用，指令中的 X、Y、Z 坐标值是执行完 G29 后，刀具应到达的坐标点。它的动作顺序是从参考点快速到达 G28 指令的中间点，再从中间点移动到 G29 指令的点定位，其动作与 G00 动作相同，如图 4-3 所示。

程序如下。

```
M06 T02;
…
G90 G28 Z50.0;
M06 T03;
G29 X35. Y30. Z5.;
…
```

4. 第 2、3、4 参考点返回（G30）

此指令的功能是由刀具所在位置经过中间点回到参考点。与 G28 类似，差别在于 G28 是返回第 1 参考点（机床原点），而 G30 是返回第 2、3、4 参考点。

指令格式为：

```
G30 P1 X __ Y __ Z __;
G30 P2 X __ Y __ Z __;
G30 P3 X __ Y __ Z __;
```

其中，P2、P3、P4 即选择第 2、第 3、第 4 参考点；X、Y、Z 后面的坐标值是指中间点位置。

第 2、3、4 参考点的坐标位置在参数中设定，其值为机床原点到参考点的矢量值。

二、加工中心换刀指令（M06）

刀具交换是指刀库上位于换刀位置的刀具与主轴上的刀具进行自动换刀。这一动作的实现是通过换刀指令 M06 来实现的。

一般立式加工中心规定换刀点的位置在机床 Z 轴原点处，即加工中心规定了固定的换刀点（定点换刀），主轴只有走到这一位置，换刀机构才能执行换刀动作。

1. 无机械手的加工中心换刀程序

指令格式：

  T×× M06;

或 M06 T××;

其含义是将××号刀具安装到主轴上。

例如，指令"T02 M06"（或"M06 T02"），是指先把主轴上的旧刀具送回到它原来所在的刀座，刀库旋转寻刀，将 2 号刀转换到当前换刀位置，再将 2 号刀装入主轴。无机械手换刀中，刀库选刀时，机床必须等待，因此换刀会浪费一定时间。

2. 带机械手的加工中心换刀程序

这种换刀方法，选刀动作可与前一把刀具的加工动作相重合，换刀时间不受选刀时间长短的影响，因此换刀时间较短。例如，以下程序中 2 号刀的选择、更换和 5 号刀的选择。

```
…                使用当前主轴上的刀具切削
T02;             刀库选刀(选 2 号刀)
…                使用当前主轴上的刀具切削
M06;             实际换刀,将当前刀具与 2 号刀进行位置交换(2 号刀到主轴)
…                使用当前主轴上的刀具切削
T05;             下一把刀准备(选 5 号刀)
```

三、刀具长度补偿指令（G43、G44、G49）

1. 长度补偿的目的

刀具长度补偿功能用于在 Z 轴方向的刀具补偿，它可使刀具在 Z 轴方向的实际位移量大于或小于编程给定位移量。

有了刀具长度补偿功能，当加工中刀具因磨损、重磨、换新刀而长度发生变化时，可不必修改程序中的坐标值，只要修改存放在寄存器中刀具长度补偿值即可。

另外，若加工一个零件需用几把刀，各刀的长度不同，编程时不必考虑刀具长短对坐标值的影响，只要把其中一把刀设为标准刀，其余各刀相对标准刀设置长度补偿值即可。

2. 长度补偿指令

指令格式：

```
G43 G00(G01) Z __ H××;
G44 G00(G01) Z __ H××;
G49 G00(G01) Z __;
```

说明如下。

① G43 为刀具长度正向补偿指令；G44 为刀具长度负向补偿指令；G49 为刀具长度补偿撤销指令。

② Z 后数值为指令终止位置值；H 为长度补偿号地址，用 H00～H99 来指定。

③ 当数控装置读到该程序段时，数控装置会到 H 所指定的刀具长度补偿地址内读取长补偿值，并参与刀具轨迹的运算。G43、G44、G49 均为模态指令，可相互注销。

图 4-4 给出了，G43、G44 指令的实际 Z 值的变化情况。其中，H×× 可以是正值也可以是负值。当刀具长度补偿量取负值时，G43 和 G44 的功效将互换。

3. 使用刀具长度补偿功能的注意事项

① 使用 G43 或 G44 指令进行刀具长度补偿时，只能有 Z 轴的移动量，若有其他轴向的移动，则会出现报警。

② G43、G44 为模态代码，如欲取消刀具长度补偿，除用 G49 外，也可以用 H00 的方法，这是因为 H00 的偏置量固定为 0。

例如，如图 4-5 所示，设在编程时以主轴端部中心作为基准刀的刀位点钻孔。钻头安装在主轴上后，测得刀尖到主轴端部的距离为 100mm，刀具起始位置如图 4-5 所示。

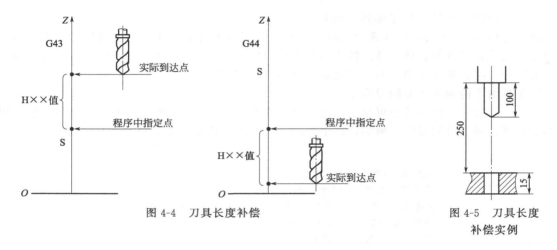

图 4-4   刀具长度补偿   图 4-5   刀具长度补偿实例

钻头比基准刀长 100mm，将 100mm 作为长度偏置量存入 H01 地址单元中，加工程序为：

```
N10 G92 X0 Y0 Z0;              坐标原点设在主轴端面中心
N20 S300 M03;                  主轴正转
N30 G90 G43 G00 Z-245 H01;     钻头快速移到距离零件表面 5mm 处
N40 G01 Z-270 F60;             钻头钻孔并超出零件下表面 5mm
N50 G49 G00 Z0;                取消长度补偿，快速退回
```

在 N30 程序段中，通过 G43 建立了刀具长度补偿。由于是正补偿，基准刀刀位点（主轴端部中心）到达的 Z 轴终点坐标值为 -245+100（"H01"）= -145mm，从而确保钻头刀尖到达 -245mm 处。同样，在 N40 程序段中，确保了钻头刀尖到达 -270mm 处。在 N50 中，通过 G49 取消了刀具长度补偿，基准刀刀位点（主轴端部中心）回到 Z 轴原点，钻头刀尖位于 -100mm 处。

4. 刀具长度补偿量的确定

（1）方法一

① 依次将刀具装在主轴上，利用 Z 向设定器确定每把刀具 Z 轴返回机床参考点时刀位点相对零件坐标系 Z 向零点的距离，如图 4-6 所示，图中 A、B、C（A、B、C 均为负值）即为各刀具刀位点刚接触零件坐标系 Z 向零点处时显示的机床坐标系 Z 坐标，记录下来。

② 选择一把刀作为基准刀（通常为最长的刀具），如图中的 T03，将其对刀值 C 作为零件坐标系中 Z 向偏置值，并将长度补偿值 H03 设为 0。

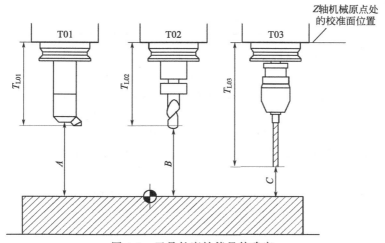

图 4-6 刀具长度补偿量的确定

③ 确定其他刀具的长度补偿值，即 H01＝±｜$A-C$｜，H02＝±｜$B-C$｜。当用 G43 指令时，若该刀具比基准刀长则取正号，比基准刀短取负号；用 G44 指令时则相反。

（2）方法二

① 零件坐标系中 Z 向偏置值设定为 0，即基准刀为假想的刀具且足够长，刀位点接触零件坐标系 Z 向零点处时显示的机床坐标系 Z 值为零。

② 通过机内对刀，确定每把刀具刀位点刚接触零件坐标系 Z 向零点处时显示的机床坐标系 Z 坐标（为负值），用指令 G43 时将该值输入相应长度补偿号中即可，用指令 G44 时则需要将 Z 坐标值取反后再设定为刀具长度补偿值。

四、子程序指令（M98、M99）

如果程序包含固定的加工路线或多次重复的图形，则此加工路线或图形可以编成单独的程序作为子程序。这样在零件上不同的部位实现相同的加工，或在同一部位实现重复加工，可大大简化编程。

子程序作为单独的程序存储在系统中时，任何主程序都可调用，最多可达 999 次调用。

当主程序调用子程序时它被认为是一级子程序，在子程序中可再调用下一级的另一个子程序，如图 4-7 所示。子程序调用可以嵌套 4 级。

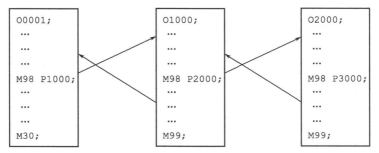

图 4-7 子程序的嵌套

1. 子程序调用功能

数控系统必须将子程序作为独特的程序类型（而不是主程序）进行识别，这一区分可通过两个辅助功能完成：M98，M99（见表 4-1）。

表 4-1　子程序功能

M98	子程序调用功能
M99	子程序结束功能

M98 指令用于在一个程序中调用前面已经存储的子程序。M98 后必须跟有子程序号"P __"，如果在单独程序段中使用 M98，将会出现错误。子程序结束功能 M99 终止子程序并从它所定位的地方（主程序或子程序）继续执行程序。虽然 M99 大多用于结束子程序，但有时也可以替代 M30 用于主程序，这种情况下程序将永不停歇地执行下去，直到按下复位键为止。

① 地址 P：识别所选择的子程序号。

② 地址 L 或 K：识别子程序重复次数（L1 或 K1 是默认值）。

例如，程序：

```
N22 M98 P0915;
```

表示：在程序段 N22 中，指令从数控存储器中调用子程序 O0915，并且重复执行一次 L1（K1）。

子程序在被另一个程序调用前必须存储在数控系统中。

调用子程序的 M98 程序段也可能包含附加指令，如快速运动、主轴转速、进给率、刀具半径偏置等。大多数数控系统中，与子程序调用位于同一程序段中的数控代码会在子程序中得到应用。例如，下面程序中，子程序调用程序段包含快速移动功能。

```
N22 G00 X10 Y13 M98 P0915;
```

程序段先执行快速运动，然后调用子程序，程序段中代码的先后顺序对程序运行没有影响。

下面这个程序段会得到与此相同的运行结果，快速移动在调用子程序之前进行。

```
N22 M98 P0915 G00 X10 Y13;
```

2. 子程序结束功能

主程序和子程序在数控系统中必须由不同的程序号进行区别。它们在运行时会作为一个连续的程序进行处理，所以必须对程序结束功能加以区别。主程序结束功能指令为 M30，有时也使用 M02，而子程序则使用 M99 作为结束功能：

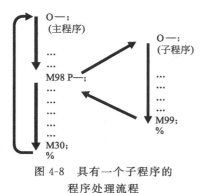

图 4-8　具有一个子程序的
程序处理流程

```
O0915;      (子程序 1)        子程序开始
...
M99;                          子程序结束
%
```

子程序结束后，系统控制器将返回主程序继续运行程序。附加的数控代码也可以添加到 M99 子程序结束程序段中，例如程序跳选功能、返回上程序号等。子程序结束指令很重要，必须正确使用，它有两个重要指令传送到控制系统：终止子程序；返回到子程序调用的下一个程序段。如图 4-8 所示。

切记：在数控加工中，不能使用程序结束功能 M30（M02）终止子程序，它会立即取消所有程序运行并使程序复位，这样就会使主程序中的后续程序不能运行。通常子程序结束 M99 会立即返回子程序调用指令 M98 之后的主程序段继续运行程序。

3. 返回程序段号

在大多数程序中，M99 功能在单独程序段中使用，并且是子程序的最后指令，通常该程序段中没有其他指令。M99 功能终止子程序，并返回子程序调用之后的程序段继续运行。

例如：

```
N08 M98 P0915;        (调用子程序)
N09…;                 (从 O0915 返回到该程序段)
N10…;
N11…;
```

通过调用子程序执行程序段 N08，当执行完子程序 O0915 后，控制器返回原程序并从程序段 N09 继续执行指令，这就是返回到主程序段。

对于一些特殊应用，有时可能需要指定返回到其他程序段，此时，程序段 M99 中必须包含 P 地址：M99 P __。

这种格式中，P 后面的地址代表执行完子程序后返回的程序段号，且此程序段号必须与原程序中的程序段号一致，例如：

```
O1013;  (主程序)
…
N08 M98 P0915;
N09…;
N10…;
…
N22…;
```

并且子程序 O0915 由以下程序段结束：

```
O0915   (子程序)
…
…
N11 M99 P22;
%
```

那么子程序执行完以后将跳过程序段 N09 和 N10 等，而从主程序中的 N22 继续执行。

4. 子程序的重复次数

子程序调用的一个重要特征是不同控制系统中的地址 L 或 K，该地址指定子程序重复次数——在重新回到原程序继续处理以前子程序必须重复的次数。大多数程序中只调用一次子程序，然后返回并继续执行原程序。在返回并继续执行原程序的剩余部分前，需要多次重复子程序的情况也很常见，为了进行比较，原程序调用一次，子程序 O0915 可以编写如下：

```
N22 M98 L1(K1);
```

该程序段是正确的，但是 L1/K1 可以省略（数控系统控制的默认重复次数是一次）。

```
N22 M98 P0915 L1(K1)    等同于    N22 M98 P0915
```

在下面的例子中，如果数控系统有区别，用 K 代替 L。

数控系统的重复次数范围一般为 L0～L9999，除了 L1 以外的所有 L 地址都必须写入程序。有些 FANUC 系统不能接受 L 或 K 地址作为重复次数，则使用其他格式，这些数控系统中的单次子程序调用与前面一样。

```
N22 M98 P0915;
```

该程序段调用一次子程序。为了使子程序重复4次，使用下列程序段：

N22 M98 P0915 L4(K4);

有些数控系统也可以使用一条指令，直接在P地址后编写所需的重复次数：

N22 M98 P40915　等同于　N22 P00040915

得到结果与其他形式相同——子程序重复4次，前4位数字是重复的次数，后4位数字是子程序的程序名，例如：

M98 P0915　等同于　M98 P00010915。

以上程序段中子程序O0915只重复一次，要使子程序O1013重复22次，则程序为：

M98 P221013　或　M98 P00221013

5.子程序应用实例

（1）同平面内完成多个相同轮廓加工

在一次装夹中若要完成多个相同轮廓形状工件的加工，则编程时只编写一个轮廓形状加工程序，然后用主程序来调用子程序。

如图4-9所示，零件上有4个相同尺寸的长方形槽，槽深2mm，槽宽10mm，未注圆角R5，铣刀直径φ10mm，试用子程序编程加工该零件。

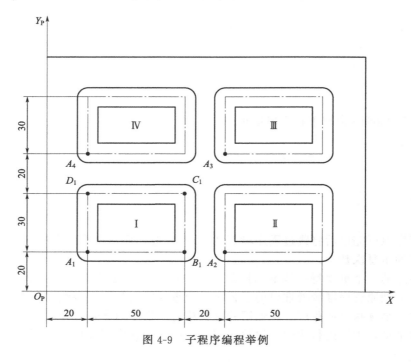

图4-9　子程序编程举例

参考加工程序（FANUC系统）如下：

O0001;	主程序名
N10 G17 G21 G40 G54 G80 G90 G94;	程序初始化
N20 G00 Z80.0;	刀具定位到安全平面,启动主轴
N30 M03 S1000;	
N40 G00 X20.0 Y20.0;	
N50 Z2.0;	快速移动到A₁点上方2mm处
N60 M98 P0002;	调用2号子程序,完成槽Ⅰ加工

```
N70 G90 G00 X90.0;                        快速移动到 A₂ 点上方 2mm 处
N80 M98 P0002;                            调用 2 号子程序，完成槽 II 加工
N90 G90 G00 Y70.0;                        快速移动到 A₃ 点上方 2mm 处
N100 M98 P0002;                           调用 2 号子程序，完成槽 III 加工
N110 G90 G00 X20.0;                       快速移动到 A₄ 点上方 2mm 处
N120 M98 P0002;                           调用 2 号子程序，完成槽 IV 加工
N130 G90 G00 X0 Y0;                       回到零件原点
N140 Z10.0;
N150 M05;                                 主轴停
N160 M30;                                 程序结束


O0002;                                    子程序名称
N10 G91 G01 Z-4.0 F100;                   刀具 Z 向工进 4mm(切深 2mm)
N20 X50.0;                                A→B
N30 Y30.0;                                B→C
N40 X-50.0;                               C→D
N50 Y-30.0;                               D→A
N60 G00 Z4.0;                             Z 向快退 4mm
N70 M99;                                  子程序结束，返回主程序
```

【例题 4-1】编写加工图 4-10 所示平面的轨迹程序。采用直径 10mm 立铣刀，切深 1mm。

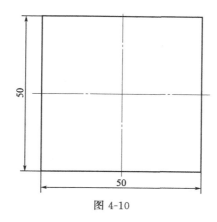

图 4-10

参考程序如下。

```
O0001;                                    程序名
N10 G17 G21 G40 G54 G80 G90 G94;          程序初始化
G90 G54 G00 X30.0 Y25.0 Z100.;            刀具定位到初始平面
S600 M03;                                 启动主轴
Z5.;                                      快速移动到(X30.0,Y25.0)点上方 5mm 处
G01 Z-1.0 F100;                           刀具 Z 向切深 1mm
M98 P0002L5                               调用 2 号子程序 5 次
G00 Z100.;                                刀具抬刀到初始平面
M30;                                      程序结束


O0002                                     子程序名称
G91 X-60.;                                相对值编程刀具 X 负向运动 60mm
```

Y-5.;	Y 负向运行 5mm
X60.;	X 正向运动 60mm
Y-5.;	Y 负向运行 5mm
M99;	子程序结束,返回主程序

（2）实现零件的分层切削

有时零件在某个方向上的总切削深度比较大，要进行分层切削，则编写该轮廓加工的刀具轨迹子程序后，通过调用该子程序来实现分层切削。

【例题 4-2】如图 4-11 所示，需加工零件凸台外形轮廓，Z 轴分层切削，每次背吃刀量为 3mm。

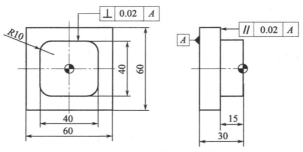

图 4-11　子程序分层切削

程序如下。

O2008;（主程序）	O1013;（子程序）
N1 G90 G80 G40 G21 G17;	N1 G91 G01 Z-3;
N2 G28 Z0;	N2 G90 G41 G01 X-20 Y-20 D11 F200;
N3 G54 G90;	N3 Y10;
N4 G01 X-40 Y-40 F600;	N4 G02 X-10 Y20 R10;
N5 Z20 H01;	N5 G01 X10;
N6 S2200 M03;	N6 G02 X20 Y10 R10;
N7 G01 Z0 F100;	N7 G01 Y-10;
N8 M98 P1013 L5;	N8 G02 X10 Y-20 R10;
N9 G49 G01 Z30;	N9 G01 X-10;
N10 M05;	N10 G02 X-20 Y-10 R10;
N11 M30;	N11 G40 G01 X-40 Y-40;
%	N12 M99;
	%

任务二　键槽型腔铣削常用刀具

1. 键槽铣刀

如图 4-12 所示，键槽铣刀有两个刀齿，圆柱面和端面都有切削刃，端面刃延至中心螺旋角较小，使端面刀齿强度得到了增强。其外形既像立铣刀，又像钻头。端面刀齿上的切削刃为主切削刃，圆柱面上的切削刃为副切削刃。加工键槽时，每次先沿铣刀轴向进给较小的量，然后再沿径向进给，这样反复多次，可完成键槽的加工。加工时先轴向进给达到槽深，然后沿键槽方向铣出键槽全长。

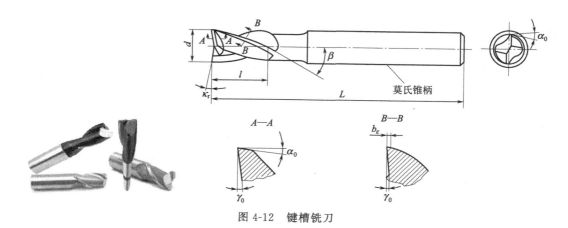

图 4-12 键槽铣刀

直柄键槽铣刀直径一般取 2～22mm，锥柄键精铣刀直径一般取 14～50mm。键槽铣刀直径的偏差有 e8 和 d8 两种。键槽铣刀的圆周切削刃仅在靠近端面的一小段长度内发生磨损，重磨时，只需刃磨端面切削刃，因此重磨后铣刀直径不变。

键槽铣刀主要用于立式铣床上加工圆头封闭键槽等。

2. 鼓形铣刀

图 4-13(a) 所示为一种典型的鼓形铣刀，它的切削刃分布在半径为 R 的圆弧面上，端面无切削刃。鼓形铣刀多用来对飞机结构件等零件中与安装面倾斜的零件表面进行三坐标加工，如图 4-13(b) 所示。这种表面最理想的加工方案是多坐标侧铣，在单件或小批量生产中可用鼓形铣刀加工来取代多坐标加工。加工时控制刀具上下位置，相应改变刀刃的切削部位，可以在零件上切出从负到正的不同斜角。R 越小，鼓形铣刀所能加工的斜角范围越广，但所获得的表面质量也越差。这种刀

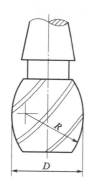

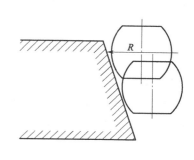

(a) 鼓形铣刀形状　　(b) 三坐标鼓形铣刀加工

图 4-13 鼓形铣刀

具的缺点是刃磨困难，切削条件差，而且不适合加工有底的轮廓表面。

3. 成形铣刀

如图 4-14 所示，成形铣刀一般是为特定形状的零件或加工内容专门设计制造的，如渐开线齿面、燕尾槽和 T 形槽等。

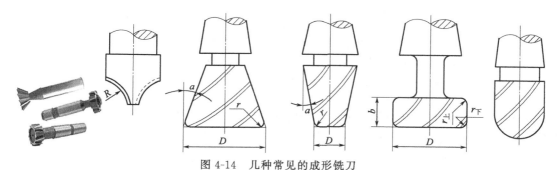

图 4-14 几种常见的成形铣刀

除了上述几种类型的铣刀外，数控铣床也可使用多种通用铣刀。但因不少数控铣床的主轴内有特殊的拉刀装置，或因主轴内锥孔有差别，须配过渡套和拉钉。

4. 锯片铣刀

锯片铣刀可分为中小规格的锯片铣刀和大规格锯片铣刀。数控镗铣床及加工中心主要用中小规格的锯片铣刀，如图 4-15 所示。目前国外有可转位锯片铣刀。锯片铣刀主要用于大多数材料的切断、内外槽铣削、组合铣削、齿轮的粗加工等。

图 4-15   锯片铣刀

选择铣刀时首先要注意根据加工零件材料的热处理状态、切削性能及加工余量，选择刚性好、寿命长的铣刀，同时铣刀类型应与零件表面形状和尺寸相适应。

加工较大的平面应选择面铣刀；加工凹槽、较小的台阶面及平面轮廓应选择立铣刀；加工空间曲面、模具形腔或凸模成形表面等多选用模具铣刀；加工封闭的键槽选择键槽铣刀；加工变斜角零件的变斜角面应选用鼓形铣刀；加工各种直径或圆弧形的凹槽、斜角面、特殊孔等应选用成形铣刀。

任务三   键槽和型腔的测量装置

1. 深度测量装置

键槽和型腔的深度通常采用深度游标卡尺和深度千分尺测量。

深度游标卡尺（图 4-16）用于测量凹槽或孔的深度、梯形工件的梯层高度、长度等尺寸，通常简称为"深度尺"。常见量程：0～100mm、0～150mm、0～300mm、0～500mm。常见精度：0.02mm、0.01mm。

深度游标卡尺的结构特点是尺框 3 的两个量爪连成一起成为一个带游标的测量基座 1，测量基座的端面和尺身 4 的端面就是它的两个测量面。它的读数方法和游标卡尺完全一样。

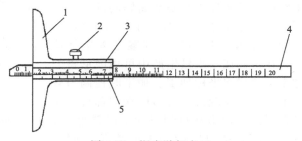

图 4-16   深度游标卡尺

1—测量基座；2—紧固螺钉；3—尺框；4—尺身；5—游标

测量时，先把测量基座轻轻压在工件的基准面上，两个端面必须接触工件的基准面，图 4-17（a）所示。测量轴类等台阶时，测量基座的端面一定要压紧在基准面，图 4-17（b）、(c) 所示，再移动尺身，直到尺身的端面接触到工件的量面（台阶面）上，然后用紧固螺钉固定尺框，提起卡尺，读出深度尺寸。多台阶小直径的内孔深度测量［图 4-17（d）］，要注意尺身的端面是否在要测量的台阶上。当基准面是曲线时［图 4-17（e）］，测量基座的端面必须放在曲线的最高点上，测量出的深度尺寸才是工件的实际尺寸，否则会出现测量误差。

深度千分尺是应用螺旋副转动原理将旋转运动变为直线运动的一种量具。深度千分尺由微分筒、固定套管、测量杆、基座、测力装置、锁紧装置等组成，常用于机械加工中的深度，台阶等尺寸的测量。读数方法和普通千分尺相同。

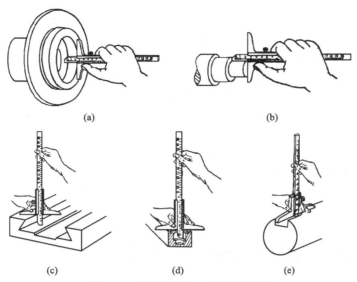

图 4-17　深度游标卡尺的使用方法

2. 内径测量装置

键槽和型腔的长、宽及内径测量装置除普通游标卡尺外，还有内径千分尺。内径千分尺是一种应用广泛的精密量具，其测量精确度比游标卡尺高。千分尺的形式非常多，每一形式的千分尺都有不同的用途与结构，如图 4-18 所示，其读数原理和使用方法同普通千分尺。正确测量方法如下。

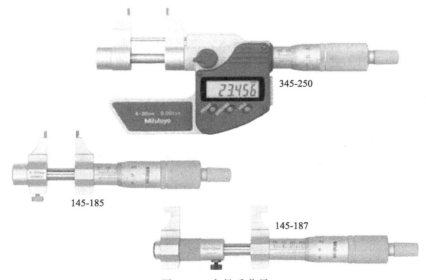

图 4-18　内径千分尺

① 内径千分尺在测量及其使用时，必须用尺寸最大的接杆与其测微头连接，依次顺接到测量触头，以减少连接后的轴线弯曲。

② 测量时应看测微头固定和松开时的变化量。

③ 在日常生产中，用内径千分尺测量孔时，将其测量触头测量面支承在被测表面上，调整微分筒，使微分筒一侧的测量面在孔的径向截面内摆动，找出最小尺寸，然后拧紧固定螺钉

取出并读数。

④ 内径千分尺测量时支承位置要正确。接长后的大尺寸内径千分尺因重力变形，会产生直线度、平行度、垂直度等形位误差。其刚度的大小，具体可反映在"自然挠度"上。理论和实验结果表明由工件截面形状所决定的刚度对支承后的重力变形影响很大。如不同截面形状的内径千分尺其长度 L 虽相同，当支承在 $(2/9)L$ 处时，都能使内径千分尺的实测值误差符合要求。但支承点稍有不同，其直线度变化值就较大。所以在国家标准中将支承位置移到最大支承距离位置时的直线度变化值称为"自然挠度"。为保证刚性，在我国国家标准中规定了内径千分尺的支承点要在 $(2/9)L$ 处和在离端面 200mm 处，即测量时变化量最小，并将内径千分尺每转 90°检测一次，其示值误差均不应超过要求。

内径千分尺直接测量误差包括受力变形误差、温度误差和一般测量所具有的示值误差、读数瞄准误差、接触误差和测长机的对零误差。影响内径千分尺测量误差，主要因素为受力变形误差、温度误差。

任务四　各种类型槽的铣削方法

一、型腔走刀路线和加工方法

型腔铣削是指在边界线确定的一个封闭区域内去除材料。该区域由侧壁及底面围成，其侧壁和底面可以是斜面、凸台、球面以及其他形状，型腔内部可以全空或有孤岛。型腔加工分为三步：型腔内部去余量，型腔轮廓粗加工，型腔轮廓精加工。

1. 下刀方法

把刀具引入型腔有三种方法。

① 使用键槽铣刀沿 Z 向直接下刀，切入工件。

② 先用钻头钻孔，立铣刀通过孔垂直进入，再用圆周铣削。

③ 立铣刀的端面刃不过中心，一般不宜垂直下刀，因此使用立铣刀时，宜采用螺旋下刀或者斜插式下刀。

螺旋下刀，即在两个切削层之间，刀具从上一层高度沿螺旋线以渐进的方式切入工件，直到下一层的高度，然后开始正式切削。

2. 走刀路线的选择

常见的型腔走刀路线有行切、环切和综合切削三种方法，如图 4-19 所示。三种加工方法的特点如下。

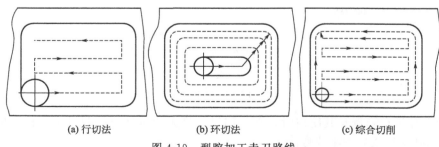

(a) 行切法　　　　(b) 环切法　　　　(c) 综合切削

图 4-19　型腔加工走刀路线

① 三种加工方法都能切净内腔中的全部面积，不留死角，不伤轮廓，同时尽量减少重复进给的搭接量。

② 行切法〔图 4-19(a)〕的进给路线比环切法〔图 4-19(b)〕短，但行切法会在两次进给的起点与终点间留下残留面积而达不到所要求的表面粗糙度；用环切法获得表面的质量要好于行切法，但环切法需要逐次向外扩展轮廓线，刀位点计算要复杂一些。

③ 采用图 4-19(c) 所示的进给路线，即先用行切法切去中间部分余量，最后用环切法光整轮廓表面，既能使总的进给路线较短，又能获得较好的表面质量。

3. 精加工刀具路径

内轮廓精加工时，切入、切出要和外轮廓一样，也可采用圆弧切入切出，以保证表面粗糙度，如图 4-20 所示。

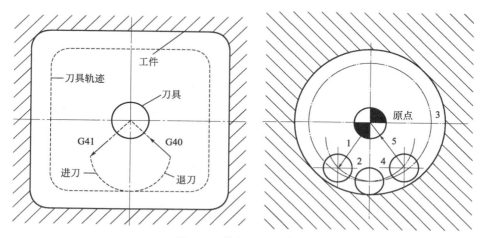

图 4-20　精加工刀具路径

二、槽加工进给路线的确定

铣削加工进给路线包括切削进给和 Z 向快速移动进给两种。

1. 铣削开口不通槽

铣刀在 Z 向可直接快速移动到位，不需工作进给，如图 4-21(a) 所示。

2. 铣削轮廓及通槽

铣刀应有一段切出距离 Z_0，可直接快速移动到距零件表面 Z_0 处，如图 4-21(b) 所示。

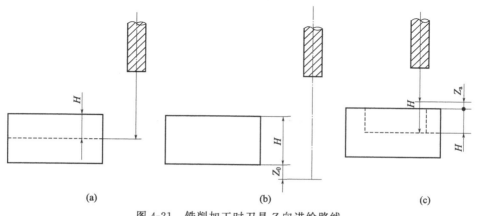

图 4-21　铣削加工时刀具 Z 向进给路线

3. 铣削封闭槽（如铣键槽）

铣刀需要有一切入距离 Z_a，先快速移动到距工具加工表面一切入距离 Z_a 的位置上（R 平面），然后以工作进给速度进给至铣削深度 H，如图 4-21(c) 所示。

下刀方法通常有以下两种。

① 使用立铣刀斜插式下刀。使用立铣刀时，由于端面刃不过中心，一般不宜垂直下刀，可采用斜插式下刀。斜插式下刀就是在两个切削层之间，刀具从上一层的高度沿斜线以渐近的方式切入工件，直到下一层的高度，然后开始正式切削。如图 4-22 所示。采用斜插式下刀时要注意斜向切入的位置和角度的选择应适当，一般进刀角度为 $5°\sim10°$。

② 使用键槽铣刀沿 Z 轴垂直下刀。使用键槽铣刀时，由于端面刃过中心，可以沿 Z 轴直接切入工件，如图 4-23 所示。

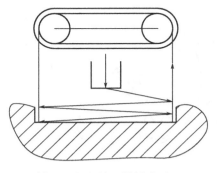

图 4-22　立铣刀斜插式下刀

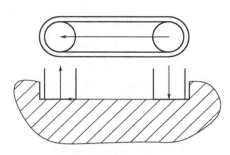

图 4-23　键槽铣刀垂直

加工刀路设计如下。

① 一次铣到位。如图 4-24(a) 所示，这种加工方法对铣刀的使用不利，因为铣刀在用钝时，其切削刃上的磨损长度等于键槽的深度。若刃磨圆柱面切削刃，则因铣刀直径被磨小而不能再进行精加工。因此，以磨去端面一段较为合理。但对刃磨的铣刀直径，在使用之前需用千分尺进行检查。

② 分层铣削。如图 4-24(b) 所示，槽的铣削每次铣削深度只有 0.5mm 左右，以较快的进给量往复进行铣削，一直铣到预定的深度为止。这种加工方法的特点是：铣刀用钝后只需磨端面刃（磨削不到 1mm），铣刀直径不受影响，在铣削时也不会产生让刀现象。

分层铣削精加工键槽时，普遍采用顺铣、切向切入和切向切出的轮廓铣削法来加工键槽侧

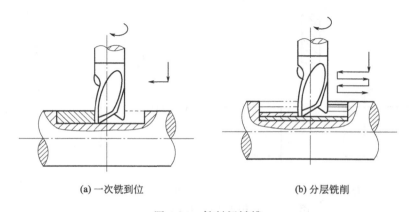

(a) 一次铣到位　　　　　　　　　　(b) 分层铣削

图 4-24　铣封闭键槽

面，保证键槽侧面粗糙度和键槽的宽度尺寸，如图 4-25 所示。

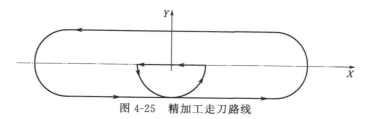

图 4-25　精加工走刀路线

4. 直角沟槽的铣削

直角沟槽主要用三面刃铣刀来铣削，也可用立铣刀、槽铣刀及合成铣刀来铣削。

① 对封闭的沟槽则都采用立铣刀或键槽铣刀来加工。

② 立铣刀在铣封闭槽时，需预先钻好落刀孔。宽度大于 25mm 的直角沟槽大都采用立铣刀来加工。对宽度大和深的沟槽也大多采用立铣刀来铣削。立铣刀的尺寸精度较低，其直径的基本偏差为 js14。

③ 键槽铣刀一般都是双刃的，端面刃能直接切入零件，故在铣封闭槽之前可以不必预先钻孔。键槽铣刀直径的尺寸精度较高，其直径的基本偏差有 d8 和 e8 两种。

④ 盘形槽铣刀简称槽铣刀，它的特点是刀齿的两侧一般没有刃口。有的槽铣刀齿背做成铲齿形，这种切削刃在用钝以后，刃磨时只能磨前面而不能磨后面，刃磨后的切削刃形状和宽度都不改变，适用于加工大批相同尺寸的沟槽。这种铣刀的缺点是制造复杂，切削性能也较差。

槽铣刀的宽度尺寸精度和键槽铣刀相同，其基本偏差为 k8。

如图 4-26(a) 所示，零件的封闭槽采用直径为 ϕ16mm 的立铣刀加工。由于此直角槽底部是贯通的，故装夹时应注意沟槽下面不能有垫铁，以免妨碍立铣刀穿通，应采用两块较窄的平行垫铁，垫在零件下面，如图 4-26(b) 所示。这条封闭槽的长度是 32mm，当用直径为 ϕ16mm 的铣刀切入后，工作台实际只需移动 16mm。

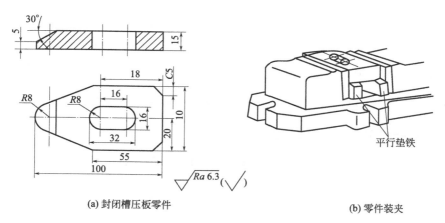

(a) 封闭槽压板零件　　　　　　　　　　　　　　(b) 零件装夹

图 4-26　压板零件及其装夹

5. T 形槽的铣削

如图 4-27 所示，铣削带有 T 形槽的零件，在铣床上装夹时，使零件侧面与工作台进给方向一致。铣 T 形槽的步骤如下。

① 铣直角槽。在立式铣床上用键槽铣刀（或在卧式铣床上用槽铣刀）铣出一条宽 "18H7"、深 30mm 的直角槽，如图 4-28(a) 所示。

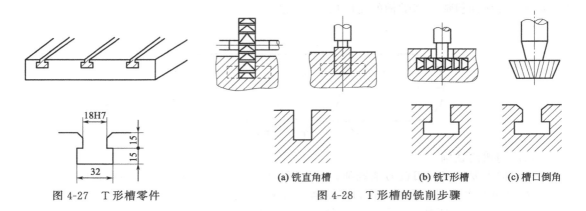

图 4-27　T形槽零件

(a) 铣直角槽　　　(b) 铣T形槽　　　(c) 槽口倒角

图 4-28　T形槽的铣削步骤

② 铣 T 形槽。拆下键槽铣刀，装上直径 φ32mm、厚 15mm 的 T 形槽铣刀，接着把 T 形槽铣刀的端面调整到与直角槽的槽底相接触，然后开始铣削，如图 4-28(b) 所示。

③ 槽口倒角。如果 T 形槽在槽口处有倒角，可拆下 T 形槽铣刀，装上倒角铣刀倒角，如图 4-28(c) 所示。倒角时应注意两边对称。

铣 T 形槽时应注意以下事项。

① T 形槽铣刀在切削时切屑排出非常困难，经常把容屑槽填满而使铣刀失去切削能力，以致铣刀折断，所以应经常清除切屑。

② T 形槽铣刀的颈部直径较小，要注意避免因铣刀受到过大的铣削力和突然的冲击力而折断。

③ 由于排屑不畅，切削时热量不易散失，铣刀容易发热，在铣钢件时，应充分喷注切削液。

④ T 形槽铣刀不能用得太钝，用钝的刀具的切削能力将大大减弱，铣削力和切削热会迅速增加，用钝了的 T 形槽铣刀铣削是铣刀折断的主要原因之一。

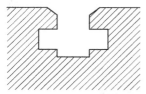

图 4-29　槽底不平的 T 形槽

⑤ T 形槽铣刀在切削时工作条件较差，所以要采用较小的进给量和较低的切削速度，但切削速度又不能太低，否则会降低铣刀的切削性能和增加每齿的进给量。

⑥ 为了改善切屑的排出条件以及减少铣刀与槽底面的摩擦，在设计和工艺条件许可的条件下，可把直角槽稍铣深些，这时铣好的 T 形槽形状如图 4-29 所示。这种形状的 T 形槽对实际应用没有多大影响。

槽类零件的加工一般是进给路线简单，单重复次数较多，其编程一般采用子程序来完成。

三、内腔内槽的结构工艺性分析

零件的结构工艺性是指所设计的零件在满足使用要求的前提下制造的可行性和经济性。良好的结构工艺性，可以使零件加工容易、节省工时和材料。而零件结构工艺性较差，会使加工困难、浪费工时和材料，有时甚至无法加工。因此，零件各加工部位的结构工艺性应符合数控加工的特点。

① 零件的内腔与外形应尽量采用统一的几何类型和尺寸，这样可以减少刀具的规格和换刀的次数，方便编程和提高数控机床加工效率。

② 零件内槽及缘板间的过渡圆角半径不应过小。

过渡圆角半径反映了刀具直径的大小，刀具直径和被加工零件轮廓的深度之比与刀具的刚度有关，如图 4-30(a) 所示，当 $R \leqslant 0.2H$ 时（H 为被加工零件轮廓面的深度），则判定零件该部位的加工工艺性较差；如图 4-30(b) 所示，当 $R > 0.2H$ 时，则刀具切削时候刚度较好，零件的加工质量能得到保证。

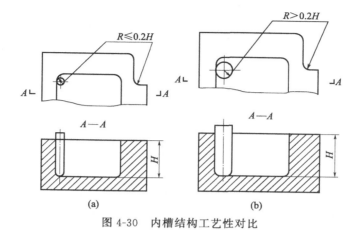

图 4-30 内槽结构工艺性对比

③ 铣零件的槽底平面时，槽底圆角半径 r 不宜过大。

如图 4-31 所示，铣削零件底平面时，槽底的圆角半径 r 越大，铣刀端刃铣削平面的能力就越差，铣刀与铣削平面接触的最大直径 $d=D-2r$（D 为铣刀直径），当 D 一定时，r 越大，铣刀端刀刃铣削平面的面积越小，加工平面的能力就越差、效率越低、工艺性也越差。当 r 大到一定程度时，甚至必须用球头铣刀加工，这是应该尽量避免的。

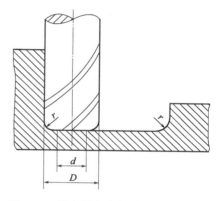

此外，还应分析零件所要求的加工精度、尺寸公差等是否可以得到保证，有没有引起矛盾的多余尺寸或影响加工安排的封闭尺寸等。

图 4-31 槽底圆角半径对工艺性的影响

任务五 完成键槽零件的编程和加工

一、加工工艺设计

1. 加工图样分析

该零件由两个键槽、一个方形内腔和一个圆形内腔组成。尺寸精度：键槽为未注公差，方形内腔约为 IT10 级，圆形内腔为 IT8 级精度，表面粗糙度 Ra 为 3.2μm，没有形位公差要求，加工精度要求中等。

2. 加工方案确定

根据图样加工要求，键槽可采用一次粗铣完成，方形内腔采用键槽铣刀经粗铣→精铣完成，圆形内腔采用键槽刀经粗铣→精铣完成。

3. 装夹方案确定

毛坯为长方体零件，可选平口虎钳装夹，工件上表面高出钳口 10mm 左右。

4. 确定刀具

加工该零件，选用键槽铣刀铣削。刀具及参数见表 4-2。

表 4-2　键槽型腔铣削刀具卡

数控加工刀具卡			工序号	程序编号	产品名称	零件名称	材料	零件图号
			1	O0005		键槽型腔零件	铝合金	
序号	刀具号	刀具名称	刀具规格/mm		补偿值/mm		刀补号		备注
			直径	长度	半径	长度	半径	长度	
1	T01	键槽刀	φ8		4		D01		高速钢
2	T02	键槽刀	φ12mm		6.2		D02		高速钢
编制		审核		批准		年　月　日		共　页	第　页

5. 确定加工工艺

该零件精度要求中等，对键槽和内腔的铣削可作为一道工序。键槽只需粗铣一次，内腔需对其粗铣一次，然后精铣一次，即可保证精度。加工工艺见表 4-3。

表 4-3　加工工艺

数控加工工艺卡			产品名称	零件名称	材料	零件图号
				键槽型腔零件	铝合金	
工序号	程序编号	夹具名称	夹具编号	使用设备	车间	工序时间
1	O0005	平口虎钳		XKA714B/F	实训中心	
工步号	工步内容	刀具名称	主轴转速 /r·min⁻¹	进给速度 /mm·min⁻¹	背吃刀量 /mm	侧吃刀量 /mm	备注
1	铣键槽	T01	600	120	4		
2	粗铣内腔	T02	600	120	3.8		
3	精铣内腔	T02	800	80	4	0.2	
编制		审核		批准		年　月　日	共　页	第　页

二、程序编制与加工

1. 工件坐标系建立

根据工件尺寸标注特点，编程坐标系原点设置在对称中心点上表面上，如图 4-32 所示。

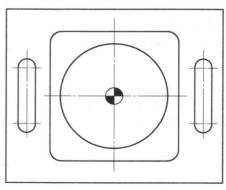

图 4-32　工件坐标系

2. 基点坐标计算

键槽采用与宽度相同的铣刀直接下刀，从一端加工到另一端的方法加工完成。方形轮廓去残料和精加工走刀路线及特征点的坐标值，如图 4-33 所示。圆形轮廓去残料和精加工走刀路线及特征点坐标如图 4-34 所示。

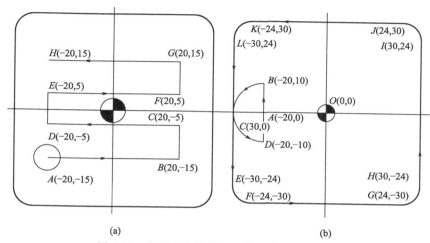

图 4-33　方形内腔粗精加工走刀路线及特征点

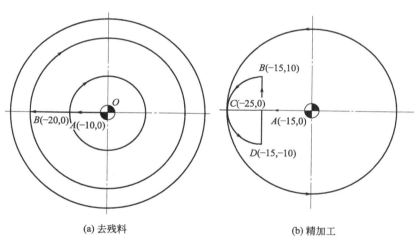

图 4-34　圆形腔粗精加工走刀路线及特征点

3. 编制加工程序

根据前面的工艺分析和坐标计算，编制轮廓粗加工程序，如表 4-4 所示。精加工时，只需修改粗加工程序的转速、进给速度、背吃刀量和刀补值即可。填写加工程序单。

表 4-4　外轮廓粗加工铣削程序单

数控铣削程序单				刀具号	刀具名	刀具作用
单位名称	零件名称		零件图号			
	键槽型腔零件		X05			
段号	程序号		O0005			
O0008;					程序号	

续表

段号	程序号	O0005			
N5	G90 G54 G00 X-40 Y-13 Z100;		快速移动到（X-40 Y-13 Z100）点		
N10	M03 S600;		主轴正传，转速 600r/min		
N15	G43 Z10 H01;		快速到达安全高度并建立刀具长度补偿		
N20	G01 Z-4 F120;		切深到－4mm		
N25	Y13;		切削到 Y13 点		
N30	G00 Z10;		快速抬刀到10mm 处		
N35	X40 Y-13;		快速移到（X40 Y-13）点		
N40	G01 Z-4 F80;		切深到－4mm		
N45	Y13;		切削到 Y13 点		
N50	G00 G49 Z50 M05;		抬刀至 Z50，主轴停		
N55	M00;		程序暂停，		
N56	G28 Y50. M06 T02		自动换上 ϕ12mm 键槽刀		
N60	G90 G54 G00 X-20 Y-15 Z100;		快速移动到（X-20 Y-15 Z100）点		
N65	M03 S600;		主轴正转		
N70	G43 Z50 H02;		主轴到达安全高度，建立刀具长度补偿		
N75	G01 Z-3. 8 F120;		切深到－3.8mm 处		
N80	X20;		直线插补到 B 点		
N85	Y-5;		直线插补到 C 点		
N90	X-20;		直线插补到 D 点		
N95	Y5;		直线插补到 E 点		
N100	X20;		直线插补到 F 点		
N105	Y15;		直线插补到 G 点		
N110	X-20;		直线插补到 H 点		
N115	Y0;		直线移动到精加工线路的 A 点		
N120	G41 Y10 D02;		建立刀具半径补偿至 B 点		
N125	G03 X-30 Y0 R10;		圆弧切入至 C 点		
N130	G01 Y-24;		直线插补至精加工线路的 E 点		
N135	G03 X-24 Y-30 R6;		圆弧插补至精加工线路的 F 点		
N140	G01 X24;		直线插补至精加工线路的 G 点		
N145	G03 X30 Y-24 R6;		圆弧插补至精加工线路的 H 点		
N150	G01 Y24;		直线插补至精加工线路的 I 点		
N155	G03 X24 Y30 R6;		圆弧插补至精加工线路的 J 点		
N160	G01 X-24;		直线插补至精加工线路的 K 点		
N165	G03 X-30 Y24 R6;		圆弧插补至精加工线路的 M 点		
N170	G01 Y0;		直线插补至精加工线路的 C 点		
N180	G03 X-20 Y-10 R10;		圆弧插补至精加工线路的 D 点		
N185	G40 G01 Y0;		直线插补到加工线路的 A 点取消刀补		
N190	G00 Z10;		快速抬刀		
N195	X0;		快速移动到原点		
N200	G01 Z-7. 8 F120;		工进至 Z-7. 8 处		
N205	X-10;		直线插补至 A 点		

段号	程序号		O0005		
N210	G02 I10;				加工 ϕ20 圆弧
N215	G01 X-20;				直线插补至 B 点
N220	G02 I20;				加工 ϕ40 圆弧
N225	G01 X-15;				直线插补至精加工圆弧路线的 A 点加刀补
N230	G41 Y10 D02;				直线插补至精加工圆弧路线的 B 点
N235	G03 X-25 Y0 R10;				圆弧插补至精加工圆弧路线的 C 点
N240	I25;				加工 ϕ25 圆弧
N245	X-15 Y-10 R10;				圆弧插补至精加工圆弧路线的 D 点
N250	G40 G01 Y0;				直线插补至精加工圆弧路线 A 点取消刀补
N255	G00 Z100;				抬刀
N260	M05;				主轴停转
N265	M30;				程序结束
编制		审核		批准	年 月 日	共 页	第 页

4. 程序调试与加工

① 将实训学生分组,每组 6 人,组长给每位同学分配操作任务。

② 将程序输入数控系统,先进行图形模拟,然后,分别进行粗、精加工,保证最后尺寸和表面粗糙度。

③ 加工完成,卸下工件,清理机床。

三、考核评价

1. 学生自检

学生完成零件自检,填写"考核评分表"(表 4-5),并同刀具卡、工序卡和程序单一起上交。

2. 成绩评定

教师协同组长,对零件进行检测,对刀具卡、工序卡和程序单进行批改,对学生整个任务的实施过程进行分析,并填写"考核评分表",对每个学生进行成绩评定。

表 4-5 考核评分表

零件名称			零件图号		操作人员		完成工时	
序号	鉴定项目及标准		配分	评分标准(扣完为止)		自检	检查结果	得分
1		填写刀具卡	5	刀具选用不合理扣 5 分				
2		填写加工工序卡	5	工序编排不合理每处扣 1 分,工序卡填写不正确每处扣 1 分				
3		填写加工程序单	10	程序编制不正确每处扣 1 分				
4		工件安装	3	装夹方法不正确扣 3 分				
5	任务实施(45 分)	刀具安装	3	刀具安装不正确扣 3 分				
6		程序录入	3	程序输入不正确每处扣 1 分				
7		对刀操作	3	对刀不正确每次扣 1 分				
8		零件加工过程	3	加工不连续,每终止一次扣 1 分				
9		完成工时	4	每超时 5min 扣 1 分				
10		安全文明	6	撞刀,未清理机床和保养设备扣 6 分				

续表

11	工件质量 （45分）	键槽	尺寸	10	尺寸每超0.1扣2分			
12			表面粗糙度	5	每降一级扣2分			
13		方形型腔	尺寸	10	尺寸每超0.01扣2分			
14			表面粗糙度	5	每降一级扣2分			
15		圆形型腔	尺寸	10	尺寸每超0.01扣2分			
			表面粗糙度	5	每降一级扣2分			
16	误差分析 （10分）	零件自检		4	自检有误差每处扣1分，未自检扣4分			
17								
18		填写工件误差分析		6	误差分析不到位扣1~4分， 未进行误差分析扣6分			
合计				100				

误差分析（学生填）

考核结果（教师填）

检验员		记分员		时间		年 月 日

课后练习 <<<

1. 对影响刀具使用寿命的因素进行探究，并填写表4-6。

表4-6 影响刀具使用寿命的因素

影响刀具使用寿命的因素	主要影响及改进措施
工件材料	
刀具材料	
切削用量	
加工条件	
切削温度	
刀具几何参数	

2. 如图4-35所示，矩形型腔零件毛坯外形各基准面已加工完毕，已经形成精毛坯。要求完成零件上形腔的粗、精加工，零件材料为45钢。

3. 如图4-36所示，完成零件的加工。要求分粗、精加工，并实现分层加工。

4. 如图4-37所示，用数控加工的方法编程加工零件的两个圆弧槽（提示：对于圆弧槽的加工，先粗加工成十字槽，留一定的余量，再沿槽的轮廓进行精加工）。

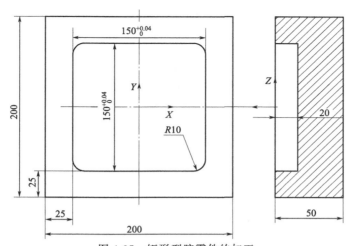

图 4-35　矩形型腔零件的加工

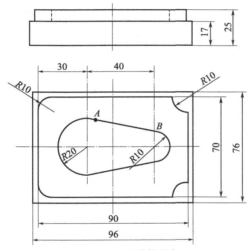

图 4-36　型腔零件的加工

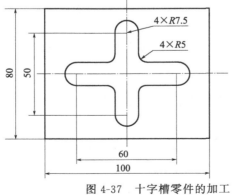

图 4-37　十字槽零件的加工

 **知识拓展**

高速加工及刀具

在常规的切削速度范围内，切削温度随着切削速度的增大而提高，在一定的速度范围内，切削温度太高，任何刀具都无法承受，切削加工不可能再继续下去。但是，当切削速度再增高，超出原有的范围进入另一个速度区间时，切削温度反而降低，切削力也大幅度下降。在高速切削时，切削热的绝大部分被切屑迅速带走，工件基本保持冷态，切屑的温度却要高得多。

在高速切削条件下，切削机理与常规加工方法相比产生了变化，切削过程变得比常规切削速度下容易。在一台主轴转速在 $1800 \sim 18000 r/min$ 内可调，工作台最大进给速度为 7.6m/min 的机床上进行试验，结果与常规速度加工相比，其材料切除率增加 $2 \sim 3$ 倍，主切削力减小了 70%，而工件的表面质量明显提高。

1. 高速切削的优点

① 生产率提高。随着切削速度的大幅度提高，进给速度也相应提高 $5 \sim 10$ 倍，单位时间里的材料去除率大大增加，一般可以达到常规加工方法的 $3 \sim 6$ 倍甚至更高。

② 有利于对薄壁、细长等刚性差的零件进行精密加工。原因是切削速度达到一定值后，切削力可以降低 30% 以上，尤其是径向力大幅度减小。

③ 由于高速切削时，绝大部分的切削热还来不及传给工件就被切屑带走，工件基本保持冷态，因此适宜加工容易热变形的零件。

④ 高速切削时，机床的激振频率特别高，远远离开了"机床-刀具-工件"构成的工艺系统的固有频率范围，工件平稳、振动小，因而能加工出非常精密和光洁的零件。

⑤ 可以加工各种难加工材料（如镍合金、钛合金等）和高硬度的材料（如淬火至 60HRC 的钢材）。

2. 高速切削速度 v 范围的划分

① 按加工工艺划分。车削时 $v = 700 \sim 7000 m/min$；铣削时 $v = 300 \sim 6000 m/min$；钻削时 $v = 200 \sim 1100 m/min$。

② 按加工材料分。加工钛合金时 $v = 200 \sim 1000 m/min$；加工钢时 $v = 800 \sim 5000 m/min$；加工铸铁时 $v = 900 \sim 6000 m/min$；加工铜时 $v = 1000 \sim 7500 m/min$；加工铝合金时 $v = 1100 \sim 8000 m/min$。

3. 各种材料的高速切削

① 轻金属的加工。常用的 K 型硬质合金刀具，当切削速度达到 2000m/min 时，应该选用金属陶瓷刀具，更高速度时要使用金刚石镀层的硬质合金刀具。由于高速铣削过程中还存在较大的冲击，聚晶金刚石（PCD）和立方氮化硼刀具的寿命特性不好。另外，高速钢也不适用于高速切削轻金属。轻金属合金的加工参数见表 4-7。

表 4-7　轻金属合金的加工参数

切削参数	铝合金			锰合金
	铸铝		可塑合金	铸件
	$w(si) < 12\%$	$w(si) > 12\%$		
周铣				
$v_c / m \cdot min^{-1}$	1300	1200	4700	$1500 \sim 5500$
$f_z / mm \cdot z^{-1}$	0.43	0.47	$0.04 \sim 0.2$	$0.16 \sim 0.23$

续表

切削参数	铝合金			锰合金
	铸铝		可塑合金	铸件
	$w(\text{si})<12\%$	$w(\text{si})>12\%$		
$F/\text{mm}\cdot\text{min}^{-1}$	9000	9000	2000~10000	13600~20000
刀具材料	HM-K10	PDK	HM-K20	HM-K10
切削参数	切深 $a_e=1.5\text{mm}$ 刀具 $D=40\text{mm}$ 齿数 $z=2$，顺铣		$a_e=50\text{mm}$ $D=50\text{mm}$ $z=2$	$a_e=1.5\text{mm}$ $D=40\text{mm}$ $z=2$，逆铣
端铣				
$v_c/\text{m}\cdot\text{min}$	1500~4500	—	—	1500~4500
$f_z/\text{mm}\cdot z^{-1}$	0.02~0.15	—	—	0.02~0.15
$F/\text{mm}\cdot\text{min}^{-1}$	3000~12000	—	—	3000~12000
刀具材料	HM-K10	—	—	HM-K10
切削参数	$a_e=1.5\text{mm}$ $D=40\text{mm},z=2$	—	—	$a_e=1.5\text{mm}$ $D=40\text{mm},z=2$

② 钢的高速铣削。在高速铣削时，轴向进给量对刀具磨损的影响比较小，而径向进给量的影响则较大，刀具寿命随切削面的增大而降低。因此，高速切削要选择比较小的切削深度。金属陶瓷刀具在耐高温和硬度方面比硬质合金好，适用于难加工材料，但是必须采用较小的切削深度和进给量。这两种材料都适用于精加工。钢的粗加工使用高速切削效果并不明显。加工淬硬钢时，立方氮化硼（CBN）刀具的效果比较好。钢的切削速度和每齿进给量见表 4-8。

表 4-8　钢的切削速度和每齿进给量

刀具材料	切削速度/$\text{m}\cdot\text{min}^{-1}$	每齿进给量/$\text{mm}\cdot z^{-1}$
P20/25	390	—
镀层硬质合金	510	0.31
金属陶瓷	600	0.2~0.25
Si_3N_4	810	0.16
CBN	—	0.16

③ 难加工材料的高速切削。难加工材料一般指特殊合金钢和钛、镍合金钢等。在实验中发现，这类难加工的合金钢在高速切削中，顺铣比逆铣效果差。因此，在加工时应尽可能选择逆铣。与钢的高速切削相同，切削深度对刀具的磨损影响也很大，磨损呈指数曲线上升。因此，在加工中也要选择小的切削深度。特殊合金钢切削参数见表 4-9。

表 4-9　特殊合金钢切削参数

工件材料	高合金钢					备注
切削刀具 几何参数	硬质合金	后角 a_0	前角 γ_0	倾角 λ_0	圆角	$a_e=1\text{mm}$ $D=40\text{mm}$ $z=2$
		20°	0°~4°	0°	尖锐	
金属切除量 和进给速度	7cm³/min（当 $F=1000\text{mm/min}$）					

续表

工件材料		高合金钢			备注
切削表面质量	$v_c/\text{m} \cdot \text{min}^{-1}$	700	1000	刀具磨损宽度 $VB=0.3\text{mm}$	$a_e=1\text{mm}$ $D=40\text{mm}$ $z=2$
	$Ra/\mu\text{m}$	3.3	3.1		
	$Rz/\mu\text{m}$	16	14		
推荐刀具材料		P20/P30,硬质合金 TiN 涂层,金属陶瓷			
切削速度	P20/P30	$v_c=370\text{m/min}$		刀具磨损宽度 $VB=0.3\text{mm}$	
进给量	硬质合金	$f_z=0.1\sim0.15\text{mm/z}$		$F=800\sim1200\text{mm/min}$	

④ 高硬度材料的加工。以往加工经过淬火处理的高硬度钢材时，无法再使用传统的车削、铣削加工，一般都要用磨削。对于模具的零件，只能采用电加工的方法。而使用高速切削技术，可以在很大程度上替代这些传统的加工工艺。

加工高硬度材料时，陶瓷刀具的切削速度一般不超过 100m/min，超细晶粒硬质合金涂层刀具的速度可以达到 400m/mim，一般取 90～200m/min 为宜。切削深度在 0.1～0.4mm，进给量取 0.1～0.2mm/r 为宜。日本 JBN 刀具加工淬硬钢的切削用量见表 4-10。

表 4-10　日本 JBN 刀具加工淬硬钢的切削用量

被加工材料及硬度	切削速度/$\text{m} \cdot \text{min}^{-1}$	进给量/$\text{mm} \cdot \text{r}^{-1}$	切削深度/mm
结构钢渗碳淬火 55～65HRC	100～200	0.05～0.30	0.1～0.5
结构钢渗碳淬火 45～55HRC	150～200	0.05～0.30	0.1～0.5
工具钢淬火 55～65HRC	100～120	0.05～0.20	0.1～0.5

4. 高速铣削时使用的刀柄

（1）高速切削对刀柄的要求

① 有很好的连接刚性与精度。

② 动平衡良好。

③ 能快速更换刀具。

（2）传统刀柄的问题

传统的刀具系统和刀柄、主轴锥孔的配合方式和配合精度已经不能满足高速切削的要求。传统的 7∶24 的锥度连接有以下缺点，这些缺点在高速切削的条件下，问题将被"放大"，以致影响加工。

① 单锥面定位。锥体表面同时起两个作用，即刀具相对于主轴的精确定位和实现刀具夹紧并提供足够的连接刚性。由于它不能实现与主轴端面和内锥面同时定位，所以在标准的 7∶24 的锥度连接中主轴端面和刀柄法兰端面之间有较大的间隙。制造公差的分布原则只能保证锥度前端有良好的配合。所以它的径向定位精度不够高，在锥度配合的后段可能存在间隙。在这个间隙将导致刀具受到切削力时产生径向摆动，这种摆动还会加速锥孔前端的磨损，引起定位误差。

② 在高速旋转时主轴端部锥孔的扩张量大于锥柄的扩张量。这样对于自动换刀来说，每次自动换刀以后，刀具的径向位置有可能存在误差，出现重复定位精度不稳定的问题。

③ 刀柄锥度部分太长，不利于快速换刀。

（3）HSK 刀柄

HSK 刀柄是一种新型的供高速切削使用的刀柄，目前已经形成国际标准。特点是 1∶10

的短锥面,锥面和端面同时实现与主轴的连接。这种结构的优点主要有:

① 采用锥面、端面过定位的结合形式,有效提高连接刚性。

② 锥度长度短,重量轻,适宜高速换刀。

③ 1∶10 的锥度与 7∶24 的锥度相比,有更高的抗扭能力。

④ 重复安装精度高。

⑤ 刀柄与主轴之间由扩张爪锁紧,转速越高离心力越大,锁紧力也越大。刀柄能够被牢固锁紧。

(4) HSK 刀柄与刀具的连接:传统的连接形式依然保存,例如盘式、侧固式、弹簧卡头等。新的连接方式有热胀式:把刀柄放在专用的加热设备上加热,由于热胀冷缩的原理,刀柄内孔放大,把刀具放入,刀柄被快速冷却,刀具被牢固地夹紧;松开时,同样放在加热设备上,由于刀柄和刀具的热胀冷缩系数不同,刀柄膨胀后,刀具被取出。这种固定方法具有同轴度好、固定牢靠、传递力矩大(为液压或弹簧夹头的 2~4 倍)的优点,适用于直径 $\phi25\mathrm{mm}$ 以下的刀具。

项目五

孔加工

 学习目标

- 能够利用固定循环指令编制出孔的加工程序；
- 掌握麻花钻、中心钻、扩孔钻、铰刀、镗刀、丝锥等刀具的特点及选用；
- 掌握孔的测量方法；
- 能够制定孔类零件的加工工艺；
- 能够运用自动加工功能独立完成孔类零件的加工；
- 能够对孔进行准确测量。

 工作任务 <<<<

　　孔加工在金属切削中占有很大的比重，应用广泛，在数控铣床上加工孔的方法很多，根据孔的尺寸精度、位置精度及表面粗糙度等要求，一般有点孔、钻孔、扩孔、锪孔、铰孔、镗孔及铣孔等。本项目以孔类零件加工为例，介绍了孔加工的编程指令、相关量具、工艺知识及编程加工技巧等。

　　如图 5-1 所示零件。毛坯是 100mm×100mm×30mm 的 45 钢，φ60mm 的凸台和其他表面都已加工。本任务要求加工加工零件上的所有孔，并保证孔的尺寸精度和表面粗糙度值。

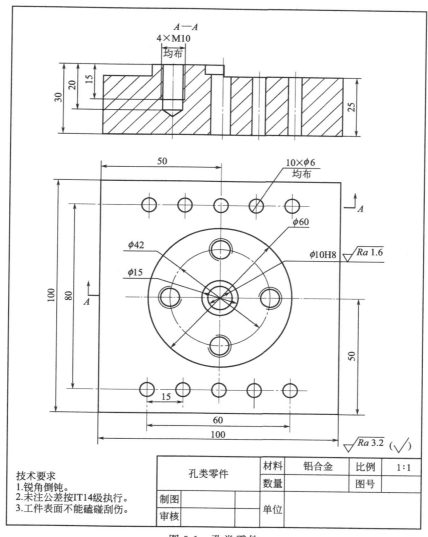

图 5-1 孔类零件

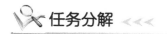 任务分解 <<<

任务一 孔类零件加工相关编程指令

一、固定循环指令（G73、G74、G76、G80~G89）

在数控加工中，一些典型的加工程序，如钻孔，一般需要快速接近工件、慢速钻孔、快速回退等动作。这些典型的、固定的几个连续动作，用一条 G 指令来代表，这样，只需用单一程序段的指令程序即完成加工，这样的指令称为固定循环指令。表 5-1 列出了所有的固定循环。对钻孔用循环指令，其固定循环指令由 6 个动作形成，如图 5-2 所示。

表 5-1　孔加工固定循环指令

G 代码	加工运动 （Z 轴负向）	孔底动作	返回运动 （Z 轴正向）	应用
G73	分次，切削进给	—	快速定位进给	高速深孔钻削
G74	切削进给	暂停-主轴正转	切削进给	左旋螺纹攻螺纹
G76	切削进给	主轴定向，让刀	快速定位进给	精镗循环
G80	—	—	—	取消固定循环
G81	切削进给	—	快速定位进给	普通钻削循环
G82	切削进给	暂停	快速定位进给	钻削或粗镗削
G83	分次，切削进给	—	快速定位进给	深孔钻削循环
G84	切削进给	暂停-主轴反转	切削进给	右旋螺纹攻螺纹
G85	切削进给	—	切削进给	镗削循环
G86	切削进给	主轴停	快速定位进给	镗削循环
G87	切削进给	主轴正转	快速定位进给	反镗削循环
G88	切削进给	暂停-主轴停	手动	镗削循环
G89	切削进给	暂停	切削进给	镗削循环

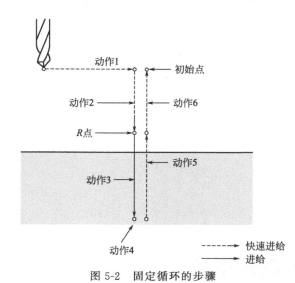

图 5-2　固定循环的步骤

动作 1：快速移动到指定位置。

动作 2：沿 Z 轴快速移动，并到达 R 点。

动作 3：切削进给加工。

动作 4：孔底动作（暂停、主轴停、主轴反转等）。

动作 5：返回到 R 点（快速返回和切削进给返回）。

动作 6：快速返回到起始点。

初始点平面是为安全下刀而规定的一个平面，其到零件表面的距离可以任意设定在一个安全的高度上，R 点平面是刀具下刀时自快进转为工进的平面，与工件表面的距离主要考虑工件表面尺寸的变化，一般可取 2～5mm。

固定循环指令中地址 R 与地址 Z 的数据指定与 G90 或 G91 的方式选择有关，图 5-3 表示了 G90 时的坐标计算方法，图 5-4 表示了选用 G91 时的坐标计算方法。选用 G90 时 R 与 Z 一律取其终点坐标值；选择 G91 方式时，则 R 是自起始点到 R 点的距离，Z 是指自 R 点到孔底平面上 Z 点的距离。

G98 和 G99 两个模态指令控制孔加工循环结束后刀具是返回起始点平面还是 R 点平面，G98 返回到起始点平面，为默认方式，G99 返回到 R 点平面，如图 5-5、图 5-6 所示。

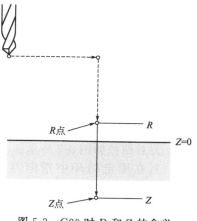

图 5-3 G90 时 R 和 Z 的含义

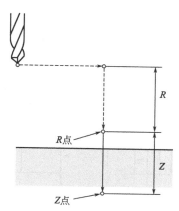

图 5-4 G91 时 R 和 Z 的含义

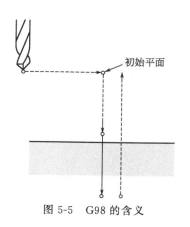

图 5-5 G98 的含义

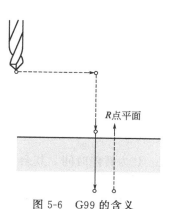

图 5-6 G99 的含义

一般地，如果被加工的孔在一个平整的平面上，可以使用 G99 指令，因为 G99 模态下返回 R 点进行下一个孔的定位，而一般编程中 R 点非常靠近工件表面，这样可以缩短零件加工时间。但如果工件表面有高于被加工孔的凸台或筋时，使用 G99 时就有可能使刀具和工件发生碰撞，这时，就应该使用 G98，使 Z 轴返回初始点后再进行下一个孔的定位，这样就比较安全。

使用 G80 或 01 组 G 代码，可以取消固定循环。在 K 中指定重复次数，对等间距孔进行重复钻孔，K 仅在指定的程序段内有效。用增量方式（G91）指定第一孔位置。如果用绝对值方式指定，则在相同位置重复钻孔。如果指定 K0，钻孔数据被储存，但不执行钻孔。

（1）高速排屑钻孔循环（G73）

该指令执行高速排屑钻孔，它执行间歇切削进给直到孔的底部，同时从孔中排出切屑。

指令格式：

```
G73 X __ Y __ Z __ R __ Q __ F __ K __ ;
```

参数含义：

X，Y——被加工孔位置数据，即以绝对值方式或增量值方式指定被加工孔的位置，刀具向被加工孔运动的轨迹和速度与 G00 相同。

Z——在绝对值方式下，指定的是沿 Z 轴方向孔底的位置，即孔底坐标。在增量值方式

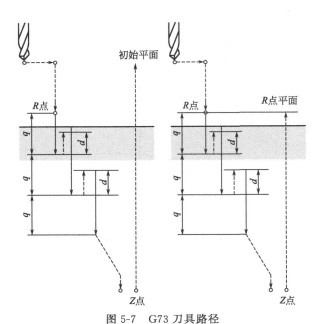

图 5-7　G73 刀具路径

下，指定的是从 R 点到孔底的距离。

R——在绝对值方式下，指定的是沿 Z 轴方向 R 点的位置，即 R 点的坐标值。在增量方式下指定从初始点到 R 点的距离。

Q——每次切削进给的切削深度。

F——切削进给速度。

K——重复次数（如果需要）。

刀具路径如图 5-7 所示。

当在固定循环中指定刀具长度偏置（G43、G44 或 G49）时，在定位到 R 点时加偏置。

不能在同一程序段中指定 0 组 G 代码（G00、G01、G02、G03）和 G73，否则，G73 将被取消。在固定循环中，刀具半径补偿被忽略。

（2）左旋螺纹攻螺纹循环（G74）

该循环执行左旋螺纹攻螺纹。在左旋螺纹攻螺纹循环中，当到达孔底时，主轴顺时针旋转。

指令格式：

```
G74 X__ Y__ Z__ R__ P__ F__ K__;
```

参数含义：P 为暂停时间，其余参数同 G73。

刀具路径如图 5-8 所示。

在使用左旋螺纹攻螺纹循环时，循环开始以前必须给 M04 指令使主轴反转，并且使"F"与"S"的比值等于螺距。另外，在 G74 或 G84 循环进行中，进给倍率开关和进给保持开关的作用将被忽略，即进给倍率保持在 100%，而且在一个固定循环执行完毕之前不能中途停止。

（3）精镗循环（G76）

精镗循环镗削精密孔。当到达孔底时，主轴停止，切削刀具离开工件的被加工表面并返回。

指令格式：

```
G76 X__ Y__ Z__ R__ Q__ P__ F__ K__;
```

参数含义：P 为孔底暂停时间；Q 为孔底的偏移量；其余同上。

刀具路径如图 5-9 所示。

（4）取消固定循环（G80）

G80 指令被执行以后，固定循环（G73、G74、G76、G81～G89）被取消，R 点和 Z 点的

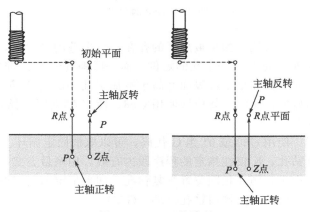

图 5-8　G74 刀具路径

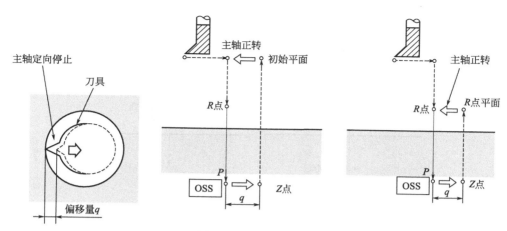

图 5-9　G76 刀具路径

参数以及除 *F* 外的所有孔加工参数均被取消。另外 01 组的 G 代码也会起到同样的作用。

指令格式：

```
G80;
```

（5）钻孔循环、钻中心孔循环（G81）

该循环用作正常钻孔。切削进给执行到孔底，然后，刀具从孔底快速移动退回。

指令格式：

```
G81 X __ Y __ Z __ R __ F __ K __ ;
```

参数含义同上。

刀具路径如图 5-10 所示。

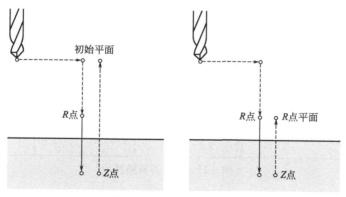

图 5-10　G81 刀具路径

（6）钻孔循环、粗镗削循环（G82）

该循环用作正常钻孔。切削进给执行到孔底，执行暂停。然后，刀具从孔底快速移动退回。

指令格式：

```
G82 X __ Y __ Z __ R __ P __ F __ K __;
```

参数含义同上。

刀具路径如图 5-11 所示。

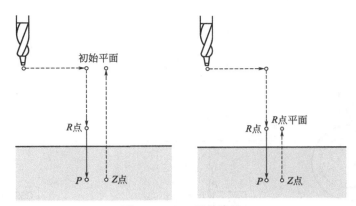

图 5-11　G82 刀具路径

（7）深孔钻削循环（G83）

该循环执行深孔钻。和 G73 指令相似，G83 指令下从 R 点到 Z 点的进给也分段完成，和 G73 指令不同的是，每段进给完成后，Z 轴返回的是 R 点，然后以快速进给速率运动到距离下一段进给起点上方 d 的位置开始下一段进给运动。每段进给的距离由孔加工参数 Q 给定，Q 始终为正值。

指令格式：

G83 X __ Y __ Z __ R __ Q __ F __ K __ ;

参数含义同上。

刀具路径如图 5-12 所示。

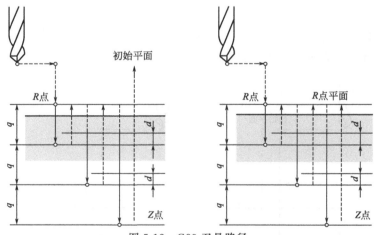

图 5-12　G83 刀具路径

（8）攻螺纹循环（G84）

该循环执行攻螺纹。在这个攻螺纹循环中，当到达孔底时，主轴以反方向旋转。

指令格式：

G84 X __ Y __ Z __ R __ P __ F __ K __ ;

参数含义同上。

刀具路径如图 5-13 所示。

（9）镗孔循环（G85）

该循环用于镗孔。该固定循环非常简单，执行过程如下：X、Y 定位，Z 轴快速到 R 点，

以 F 给定的速度进给到 Z 点，以 F 给定速度返回 R 点，如果在 G98 模式下，返回 R 点后再快速返回初始点。

指令格式：

G85 X __ Y __ Z __ R __ F __ K __；

参数含义同上。

刀具路径如图 5-14 所示。

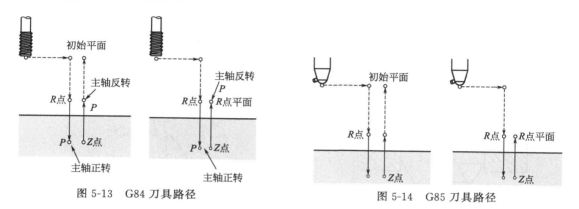

图 5-13　G84 刀具路径　　　　　　　图 5-14　G85 刀具路径

（10）镗孔循环（G86）

该循环用于镗孔。该固定循环的执行过程和 G81 相似，不同之处是，G86 中刀具进给到孔底时使主轴停止，快速返回到 R 点或初始点时再使主轴以原方向、原转速旋转。

指令格式：

G86 X __ Y __ Z __ R __ F __ K __；

参数含义同上。

刀具路径如图 5-15 所示。

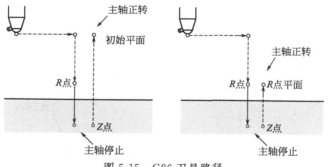

图 5-15　G86 刀具路径

（11）背镗孔循环（G87）

该循环用于精密镗孔。G87 循环中，X、Y 轴定位后，主轴定向，X、Y 轴向指定方向移动由加工参数 Q 给定的距离，以快速进给速度运动到孔底（R 点），X、Y 轴恢复到原来的位置，主轴以给定的速度和方向旋转，Z 轴以 F 给定的速度进给到 Z 点，然后主轴再次定向，X、Y 轴向指定方向移动 Q 指定的距离，以快速进给速度返回初始点，X、Y 轴恢复定位位置，主轴开始旋转。

该固定循环用于图 5-16 所示孔的加工。该指令不能使用 G99。

指令格式：

G87 X __ Y __ Z __ R __ Q __ P __ F __ K __ ;

式中，Q 为沿 X、Y 轴向指定方向移动距离；其余参数含义同上。

刀具路径如图 5-17 所示。

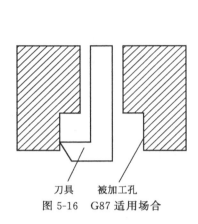

刀具　被加工孔

图 5-16　G87 适用场合

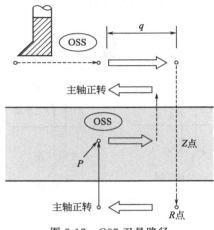

图 5-17　G87 刀具路径

（12）镗孔循环（G88）

该循环用于镗孔。是带有手动返回功能的用于镗削的固定循环。沿着 X 和 Y 轴定位以后，快速移动到 R 点，然后从 R 点到 Z 点执行镗孔。当镗孔完成后，执行暂停，然后主轴停止。刀具从孔底手动返回到 R 点。在 R 点，主轴正转，并且执行快速移动到初始位置。

指令格式：

G88 X __ Y __ Z __ R __ P __ F __ K __ ;

参数含义同上。

刀具路径如图 5-18 所示。

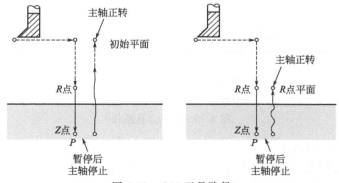

图 5-18　G88 刀具路径

（13）镗孔循环（G89）

该循环用于镗孔。与 G85 几乎相同，不同的是该循环在孔底执行暂停。

指令格式：

```
G89 X __ Y __ Z __ R __ P __ F __ K __ ;
```

参数含义同上。

刀具路径如图 5-19 所示。

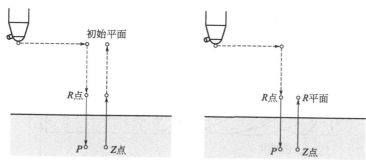

图 5-19　G89 刀具路径

二、刚性攻螺纹指令

在攻螺纹循环 G84 或反攻螺纹循环 G74 的前一程序段指令 M29 S××××；则机床进入刚性攻螺纹模式。NC 执行到该指令时，主轴停止，然后主轴正转指示灯亮，表示进入刚性攻螺纹模式，其后的 G74 或 G84 循环称为刚性攻螺纹循环。在刚性攻螺纹循环中，主轴每转一转，沿丝锥轴产生一定的进给（螺纹导程），即使在减速期间，这个操作也不变化。也就是说，主轴转速和 Z 轴的进给严格成比例同步，因此可以使用刚性夹持的丝锥进行螺纹孔的加工，而不必用标准攻螺纹中使用的浮动丝锥夹头，因而可以提高螺纹孔的加工速度，提高加工效率。

使用 G80 和 01 组 G 代码都可以解除刚性攻螺纹模式，另外复位操作也可以解除刚性攻螺纹模式。

指令格式同标准攻螺纹的 G74、G84。

使用刚性攻螺纹循环需注意以下事项。

① G74 或 G84 中指令的 F 值与 M29 程序段中指令的 S 值的比值（F/S）即为螺纹孔的螺距值。

② "S××××" 必须小于参数指定的值，否则执行固定循环指令时会出现编程报警。

③ F 值必须小于切削进给的上限值，否则出现编程报警。

④ 在 M29 指令和固定循环的 G 指令之间不能有 S 指令或任何坐标运动指令。

⑤ 不能在攻螺纹循环模式下指令 M29。

⑥ 不能在取消刚性攻螺纹模式后的第一个程序段中执行 S 指令。

⑦ 不要在试运行状态下执行刚性攻螺纹指令。

任务二　孔加工常用刀具

一、钻孔刀具及其选择

钻孔刀具较多，有普通麻花钻、可转位浅孔钻、喷吸钻及扁钻等，应根据工件材料、加工尺寸及加工质量要求等合理选用。

在普通铣床上钻孔，普通麻花钻应用最广泛，尤其是加工 $\phi30\text{mm}$ 以下的孔时，以麻花钻为主。图 5-20 所示分别为锥柄和直柄麻花钻。

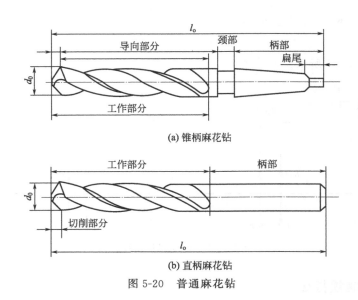

(a) 锥柄麻花钻

(b) 直柄麻花钻

图 5-20 普通麻花钻

在数控铣床上钻孔，因无钻模导向，受两切削刃上的切削力不对称的影响，容易引起钻孔偏斜。为保证孔的位置精度，在钻孔前最好先用中心钻钻一中心孔，或用一刚性较好的短钻头钻一窝。

中心钻主要用于孔的定位，由于切削部分的直径较小，所以中心钻钻孔时，应采用较高的转速。

对于深径比大于 5 而小于 100 的深孔，由于加工中散热差，排屑困难，钻杆刚性差，易使刀具损坏和引起孔的轴线偏斜，影响加工精度和生产率，故应选深孔刀具加工。

二、扩孔刀具及其选择

扩孔多用扩孔钻，也有用镗刀或立铣刀扩孔。扩孔钻可以用来扩大孔径，提高孔加工精度。用扩孔钻扩孔精度可达 IT10～IT11，表面粗糙度 Ra 可达 $3.2～6.3\mu m$，扩孔钻与麻花钻相似，但齿数较多，一般为 3～4 个齿。扩孔钻加工余量小，主切削刃较短，不需延伸到中心，无横刃，加之齿数较多，可选择较大的切削用量。图 5-21 为整体式和套式扩孔钻。

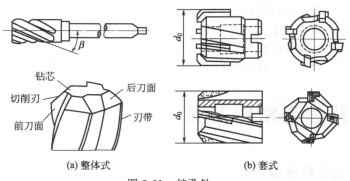

(a) 整体式

(b) 套式

图 5-21 扩孔钻

三、铰孔刀具及其选择

铰孔加工精度一般可达 IT8～IT9 级，孔的表面粗糙度 Ra 可达 $0.8～1.6\mu m$，可用于孔的精加工,也可用于磨孔或研孔前的预加工。铰孔只能提高孔的尺寸精度、形状精度和减小表面粗糙度值,而不能提高孔的位置精度,因此,对于精度要求较高的孔,在铰孔前应先进行减少和消除位置误差的预加工,才能保证铰孔质量。图 5-22 所示为铰刀。

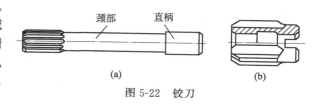

图 5-22　铰刀

四、镗孔加工刀具及其选择

镗孔是数控铣床上的主要加工内容之一,它能准确地保证孔系的尺寸精度和位置精度,并纠正上道工序的误差。在数控铣床上进行镗孔加工通常是采用悬臂方式,因此,要求镗刀有足够的刚性和较好的精度。

镗孔加工精度一般可达 IT6～IT7 级,表面粗糙度 Ra 可达 $0.8～6.3\mu m$。镗刀结构如图 5-23 所示。

在精镗孔中,目前较多地选用精镗微调镗刀,如图 5-24 所示。这种镗刀径向尺寸可在一定范围内进行微调,且调节方便,精度高。

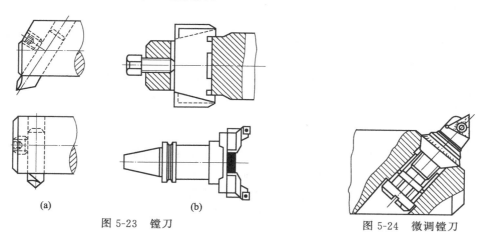

(a)　　　　(b)

图 5-23　镗刀　　　　　图 5-24　微调镗刀

五、锪孔刀具及其选择

锪孔是指在已加工的孔上加工圆柱形沉头孔、锥形沉头孔和凸台断面等。锪孔时使用的刀具称为锪钻,一般用高速钢制造。单件或小批量生产时,常把麻花钻修磨成锪钻使用。常见的锪钻有三种,圆柱形沉头孔锪钻、锥形沉头孔锪钻及端面凸台锪钻,如 5-25 所示。

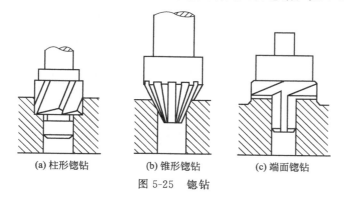

(a) 柱形锪钻　　　(b) 锥形锪钻　　　(c) 端面锪钻

图 5-25　锪钻

六、攻螺纹刀具及其选择

丝锥是数控机床加工内螺纹的一种常用工具，其基本结构是一个轴向开槽的外螺纹。一般丝锥的容屑槽制成直的，也有的做成螺旋形，螺旋形的容易排屑。加工右旋通孔螺纹时，选用左旋丝锥；加工右旋不通孔螺纹时，选用右旋丝锥。丝锥外形结构如图 5-26 所示。

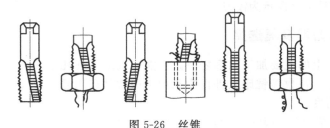

图 5-26　丝锥

任务三　内径百分表的使用

内径百分表是内量杠杆式测量架和百分表的组合，如图 5-27 所示。用以测量或检验零件的内孔、深孔直径及其形状精度。

图 5-27　内径百分表

组合时，将百分表装入连杆内，使小指针指在 0～1 的位置上，长针和连杆轴线重合，刻度盘上的字应垂直向下，以便于测量时观察，装好后应予紧固。

粗加工时，最好先用游标卡尺或内卡钳测量。因内径百分表同其他精密量具一样属贵重仪器，其好坏与精确直接影响到工件的加工精度和其使用寿命。粗加工时工件加工表面粗糙不平而测量不准确，也易使测头磨损。因此，通常在精加工时才使用。

测量前应根据被测孔径大小用外径千分尺调整好尺寸，如图 5-28 所示。在调整尺寸时，正确选用可换测头的长度及其伸出距离，应使被测尺寸在活动测头总移动量的中间位置。

测量时，连杆中心线应与工件中心线平行，不得歪斜，如图 5-29 所示，同时应在圆周上多测几个点，找出孔径的实际尺寸，看是否在公差范围之内。

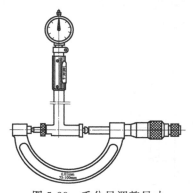

图 5-28　千分尺调整尺寸

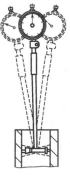

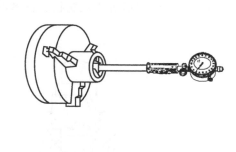

图 5-29　内径百分表的使用方法

任务四　孔加工的工艺知识

一、常见的孔加工方式及所能达到的精度

根据孔的尺寸精度、位置精度和表面粗糙度要求不同，孔的加工方式也各不相同。常见的孔的加工方式及所能达到的精度见表 5-2。

表 5-2　孔的加工方法及其能达到的精度

序号	加工方法	经济精度	表面粗糙度 $Ra/\mu m$	适用范围
1	钻	IT11～IT13	12.3	加工未淬火钢及铸铁的实心毛坯，可用于加工有色金属，孔径小于20mm
2	钻→铰	IT8～IT10	1.6～6.3	
3	钻→粗铰→精铰	IT7～IT8	0.8～1.6	
4	钻→扩	IT10～IT11	6.3～12.5	
5	钻	IT8～IT9	1.6～3.2	
6	钻→扩→粗铰→精铰	IT6～IT7	0.8	
7	钻→扩→机铰→手铰	IT6～IT7	0.2～0.4	
8	钻→扩→拉	IT7～IT9	0.1～1.6	大批量生产，精度由拉刀的精度而定
9	粗镗(扩孔)	IT11～IT13	6.3～12.5	除淬火钢外各种材料，毛坯有铸出或锻出孔
10	粗镗(扩孔)→半精镗(精扩)	IT9～IT10	1.6～3.2	
11		IT7～IT8	0.8～1.6	
12	粗镗(扩孔)→半精镗(精扩)→精镗→浮动镗刀精镗	IT6～IT7	0.4～0.8	
13	粗镗→半精镗→磨孔	IT7～IT8	0.2～0.8	主要用于淬火钢，也可用于未淬火钢，但不宜用于有色金属
14	粗镗(扩孔)→半精镗→粗磨孔→精磨孔	IT6～IT7	0.1～0.2	
15	粗镗→半精镗→精镗→精细镗(金刚镗)	IT6～IT7	0.05～0.400	用于要求较高的有色金属加工
16	钻→(扩)→粗铰→精铰→珩磨 钻→(扩)→拉→珩磨 粗镗→半精镗→精镗→珩磨	IT6～IT7	0.025～0.200	精度要求很高的孔
17	钻→(扩)→粗铰→精铰→研磨 钻→(扩)→拉→研磨 粗镗→半精镗→精镗→研磨	IT6～IT7	0.006～0.100	

注：1.对于直径大于 ϕ30mm 的已铸出或锻出的毛坯孔的加工，一般采用粗镗半精镗→孔口倒角→精镗的加工方案；孔径较大的可采用立铣刀粗铣→精铣的加工方案。

2.对于直径小于 ϕ30mm 的无底孔的孔加工，通常采用镗平端面→打中心孔→钻→扩→空口倒角→铰的加工方案，对有同轴度要求的小孔，需采用镗平端面→打中心孔→钻→半精镗孔口倒角→精镗(或铰)的加工方案。

（1）孔加工的切削参数

表 5-3～表 5-7 列出了部分孔加工切削用量，供参考。

表 5-3　高速钢钻头加工钢件的切削用量

钻头直径/mm	R_m＝520～700MPa(35钢,45钢)		R_m＝700～900MPa(15C_r,20C_r)		R_m＝1000～1100MPa(合金钢)	
	v_c/m·min^{-1}	F/mm·r^{-1}	v_c/m·min^{-1}	F/mm·r^{-1}	v_c/m·min^{-1}	F/mm·r^{-1}
1～6	8～25	0.05～0.1	12～30	0.05～0.1	8～15	0.03～0.08
6～12	8～25	0.1～0.2	12～30	0.1～0.2	8～15	0.08～0.15
12～22	8～25	0.2～0.3	12～30	0.2～0.3	8～15	0.15～0.25
22～50	8～25	0.3～0.45	12～30	0.3～0.45	8～15	0.25～0.35

表 5-4　高速钢钻头加工铸铁的切削用量

钻头直径/mm	160～200HBW		200～400HBW		300～400HBW	
	v_c/m·min^{-1}	F/mm·r^{-1}	v_c/m·min^{-1}	F/mm·r^{-1}	v_c/m·min^{-1}	F/mm·r^{-1}
1～6	16～24	0.07～0.12	10～18	0.05～0.1	5～12	0.03～0.08
6～12	16～24	0.12～0.2	10～18	0.1～0.18	5～12	0.08～0.15
12～22	16～24	0.2～0.4	10～18	0.18～0.25	5～12	0.15～0.2
22～50	16～24	0.4～0.8	10～18	0.25～0.4	5～12	0.2～0.3

表 5-5　高速钢铰刀铰孔的切削用量

铰刀直径/mm	铸铁		钢及合金钢		铝及其合金	
	v_c/m·min^{-1}	F/mm·r^{-1}	v_c/m·min^{-1}	F/mm·r^{-1}	v_c/m·min^{-1}	F/mm·r^{-1}
6～10	2～6	0.3～0.5	1.2～5	0.3～0.4	8～12	0.3～0.5
10～15	2～6	0.5～1	1.2～5	0.4～0.5	8～12	0.5～1
15～25	2～6	0.8～1.5	1.2～5	0.5～0.6	8～12	0.8～1.5
25～40	2～6	0.8～1.5	1.2～5	0.4～0.6	8～12	0.8～1.5
40～60	2～6	1.2～1.8	1.2～5	0.5～0.6	8～12	1.5～2

表 5-6　镗孔切削用量

工序	刀具材料	铸铁		钢及合金钢		铝及其合金	
		v_c/m·min^{-1}	F/mm·r^{-1}	v_c/m·min^{-1}	F/mm·r^{-1}	v_c/m·min^{-1}	F/mm·r^{-1}
粗加工	高速钢 合金	20～25 35～50	0.4～0.45	15～30 50～70	0.35～0.7	100～150 100～250	0.5～1.5
半精加工	高速钢 合金	20～35 50～70	0.15～0.45	15～50 95～135	0.15～0.45	100～200	0.2～0.5
精加工	高速钢 合金	70～90	D_1级:＜0.08 D级:0.12～0.15	100～135	0.02～0.15	150～400	0.06～0.1

（2）孔加工的加工余量

表 5-7 中列出了在实体材料上的孔加工方式及加工余量，供参考。

表 5-7　在实体材料上的孔加工方式及加工余量　　　　　　　　　　　　　mm

加工孔的直径	钻		粗加工		半精加工		精加工（H7，H8）	
	第一次	第二次	粗镗	扩孔	粗铰	半精镗	精铰	精镗
3	2.9	—	—	—	—	—	3	—
4	3.9	—	—	—	—	—	4	—
5	4.8	—	—	—	—	—	5	—
6	5.0	—	—	5.85	—	—	6	—
8	7.0	—	—	7.85	—	—	8	—
10	9.0	—	—	9.85	—	—	10	—
12	11.0	—	—	11.85	11.95	—	12	—
13	12.0	—	—	12.85	12.95	—	13	—
14	13.0	—	—	13.85	13.95	—	14	—
15	14.0	—	—	14.85	14.95	—	15	—
56	15.0	—	—	15.85	15.95	—	56	—
18	17.0	—	—	17.85	17.95	—	18	—
20	18.0	—	19.8	19.8	19.95	19.90	20	20
22	20.0	—	21.8	21.8	21.95	21.90	22	22
24	22.0	—	23.8	23.8	23.95	23.90	24	24
25	23.0	—	24.8	24.8	24.95	24.90	25	25
26	24.0	—	25.8	25.8	25.95	25.90	26	26
28	26.0	—	27.8	27.8	27.95	27.90	28	28
30	15.0	28.0	29.8	29.8	29.95	29.90	30	30
32	15.0	30.0	31.7	31.75	31.93	31.90	32	32
35	20.0	33.0	34.7	34.75	34.93	34.90	35	35
38	20.0	36.0	37.7	37.75	37.93	37.90	38	38
40	25.0	38.0	39.7	39.75	39.93	39.90	40	40
42	25.0	40.0	41.7	41.75	41.93	41.90	42	42
45	30.0	43.0	44.7	44.75	44.93	44.90	45	45
48	36.0	46.0	47.7	47.75	47.93	47.90	48	48
50	36.0	48.0	49.7	49.75	49.93	49.90	50	50

二、攻螺纹的加工工艺

（1）底孔直径的确定

攻螺纹之前要先打底孔，底孔直径的确定方法如下。

对钢和塑性较大的材料：

$$D_{孔} = D - P$$

对铸铁和塑性较小的材料：

$$D_\text{孔} = -(1.05 \sim 1)P$$

式中　　$D_\text{孔}$——螺纹底孔直径；

　　　　D——螺纹大径，mm；

　　　　P——螺距，mm。

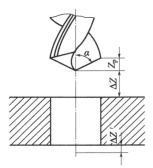

图 5-30　孔加工导入量与超越量

（2）盲孔螺纹底孔深度

盲孔螺纹底孔深度的计算方法如下。

盲孔螺纹底孔深度＝螺纹孔深度＋0.7d

式中　　d——钻头的直径，mm。

三、孔加工路线安排

（1）孔加工导入量与超越量

孔加工导入量（图 5-30 中 ΔZ）是指在孔加工过程中，刀具自快进转为工进时，刀尖点位置与孔的上表面间的距离。孔加工导入量可参照表 5-8 选取。

表 5-8　孔加工导入量

加工方法	已加工表面	毛坯表面
钻孔	2～3	5～8
扩孔	3～5	5～8
镗孔	3～5	5～8
铰孔	3～5	5～8
铣削	3～5	5～8
攻螺纹	5～10	5～10

（2）相互位置精度高的孔系的加工路线

对于位置精度要求较高的孔系加工，特别要注意孔的加工顺序的安排，避免将坐标轴的反向间隙带入，影响位置精度。

【例题 5-1】镗削图 5-31（a）所示零件上的 4 个孔。若按图 5-31（b）所示进给路线加工，由于孔 4 与孔 1、孔 2、孔 3 的定位方向相反，Y 向反向间隙会使定位误差增加，从而影响孔 4 与其他孔的位置精度。按图 5-31（c）所示进给路线，加工完孔 3 后往上移动一段距离至 P 点，

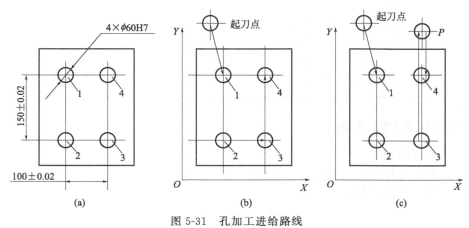

图 5-31　孔加工进给路线

然后再折回来在孔 4 处进行定位加工，这样方向一致，就可避免反向间隙的引入，提高了孔 4 的定位精度。

任务五　完成孔系零件案例的加工

一、加工工艺设计

1. 加工图样分析

该零件上要求加工"10×φ6""8×M10""φ10H8"及"φ15"沉孔。其中"φ10H8"要求尺寸精度 IT8，表面粗糙度 Ra 为 1.6μm，加工精度要求较高。其余孔和螺纹为未注公差，表面粗糙度 Ra 为 3.2μm，加工要求一般。

2. 加工方案确定

根据各孔加工要求，确定加工方案如下。

① "10×φ6"加工方案：打中心孔→钻"10×φ6"底孔至 φ5.8mm→铰孔至 φ6mm。

② "4×M10"加工方案：打中心孔→钻"8×M10"底孔至 φ8.5mm→攻螺纹至 M10。

③ "φ10H8"加工方案：打中心孔→钻"φ10H8"底孔至 φ9.0mm→扩孔至 φ9.85mm→铰孔至 φ10mm。

④ "φ15"加工方案：用锪钻锪至 φ15mm。

3. 装夹方案确定

毛坯为长方体零件，上道工序已加工出各平面，可直接用平口虎钳装夹，底部用垫铁垫起，注意要让出通孔的位置。

4. 确定刀具

加工该零件，需用到中心钻、麻花钻、扩孔钻、铰刀、丝锥和锪钻等。所选刀具及参数见表 5-9。

表 5-9　孔加工刀具及参数

数控加工刀具卡片		工序号	程序编号	产品名称	零件名称	材料	零件图号
		1	O0007		长方体	45 钢	
序号	刀具号	刀具名称	刀具规格/mm		补偿值/mm		刀补号		备注
			直径	长度	半径	长度	半径	长度	
1	T01	中心钻	φ3	实测				H01	高速钢
2	T02	麻花钻	φ5.8	实测				H02	高速钢
3	T03	麻花钻	φ8.5	实测				H03	高速钢
4	T04	麻花钻	φ9.0	实测				H04	高速钢
5	T05	扩孔钻	φ9.85	实测				H05	高速钢
6	T06	丝锥	M10	实测				H06	高速钢
7	T07	铰刀	φ6	实测				H07	高速钢
8	T08	铰刀	φ10	实测				H08	高速钢
9	T09	锪钻	φ15	实测				H09	高速钢
编制		审核		批准		年　月　日		共　页	第　页

5. 确定加工工艺

加工工艺见表 5-10。

表 5-10   孔加工工艺

数控加工工艺卡片			产品名称	零件名称	材料	零件图号
				孔类零件	45 钢	
工序号	程序编号	夹具名称	夹具编号	使用设备	车间	工序时间
1	O0007～O00010	平口虎钳		XKA714B/F	实训中心	
工步号	工步内容	刀具名称	主轴转速 /r·min^{-1}	进给速度 /mm·min^{-1}	背吃刀量 /mm	侧吃刀量 /mm	备注
1	打中心孔	T01	1500	60	1.5		
2	钻"10×ϕ6"底孔至ϕ5.8mm	T02	500	50	2.9		
3	钻"8×M10"底孔至ϕ8.5mm	T03	500	50	4.25		
4	钻"ϕ10H8"底孔至ϕ9.0mm	T04	500	50	4.5		
5	扩"ϕ9.0"孔至ϕ9.85mm	T05	600	100	0.425		
6	攻螺纹至 M10	T06	120	180			
7	铰"ϕ5.8"孔至ϕ6mm	T07	120	60	0.2		
8	铰"ϕ9.85"孔至ϕ10mm	T08	120	60	0.75		
9	锪孔锪至ϕ15mm	T09	600	100	2.5		
编制		审核		批准		年 月 日	共 页第 页

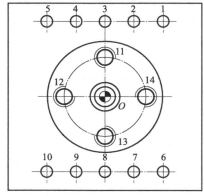

图 5-32   编程原点及加工顺序

二、程序编制与加工

1. 工件坐标系建立

根据工件尺寸标注特点，编程坐标系原点设置在上表面对称中心点上，如图 5-32 所示。

2. 基点坐标计算

分别计算出各特征点的坐标值，孔 1 的坐标值（30，40），孔 6 的坐标值（30，−40），其余各孔相隔 15mm。孔 11 的坐标值（0，21），孔 12 坐标值（−21，0），孔 13 坐标值（0，−21），孔 14 坐标值（21，0）。中心孔坐标（0，0），如图 5-32 所示。

3. 编制加工程序

根据前面的工艺分析和坐标计算，编制加工程序。执行程序前，要完成对刀，确定各把刀的长度补偿值。并填写加工程序单（表 5-11）。

表 5-11   数控铣削程序单

数控铣削程序单			刀具号	刀具名	刀具作用
单位名称	零件名称	零件图号			
	孔类零件	X05			
段号	程序号	O0008			
O0008;				程序号	

N5	G90 G54 G00 X0 Y0 Z100;	快速移动到(X0 Y0 Z100)点
N10	M03 S1500;	主轴正转,转速 1500r/min
N15	G43 Z50 H01;	快速到达安全高度并建立刀具长度补偿
N20	G81 X0 Y0 Z-5 R3 F60;	打中心孔 O
N25	X30 Y40;	打中心孔 1
N30	G91 X-15 Z0 R0F60 K4;	打中心孔 2~5
N35	G90 X30 Y-40;	打中心孔 6
N40	G91 X-15 Z0 R0 F60 K4;	打中心孔 7~10
N45	G90 X0 Y21;	打中心孔 11
N50	X-21 Y0;	打中心孔 12
N55	X0 Y-21;	打中心孔 13
N60	X21 Y0;	打中心孔 14
N65	G80;	取消固定循环
N70	G90 G00 Z100 M05;	抬刀至 Z100,主轴停
N75	M00;	程序暂停
N76	G28 M06 T02	换上 ϕ5.8mm 麻花钻
N80	G90 G54 G00 X0 Y0 Z100;	快速移动到(X0 Y0 Z100)点
N85	M03 S500;	主轴正转
N90	G43 Z50 H02;	主轴到达安全高度,建立刀具长度补偿
N95	G73 X30 Y40 Z-35 R3 Q5 F50;	钻孔 1
N100	G91 X-15 Z0 R0 Q3 K4;	钻 2~5 孔
N105	G90 X30 Y-40;	钻孔 6
N110	G91 X-15 Z0 R0 Q3 K4;	钻 7~10 孔
N115	G80;	取消固定循环
N120	G90 G00 Z100 M05;	抬刀至 Z100,主轴停
N125	M00;	程序暂停
N126	G28 M06 T03	换上 ϕ8.5mm 麻花钻
N130	G90 G54 G00 X0 Y0 Z100;	快速移动到(X0 Y0 Z100)点
N135	M03 S500;	主轴正转
N140	G43 Z50 H03;	主轴到达安全高度,建立刀具长度补偿
N145	G73 Y21 Z-23 R3 Q5 F50;	钻 11 孔
N150	X21 Y0;	钻 12 孔
N155	X-21 Y0;	钻 13 孔
N160	X0 Y-21;	钻 14 孔
N165	G80;	取消固定循环
N170	G90 G00 Z100 M05;	抬刀至 Z100,主轴停
N180	M00;	程序暂停
N182	G28 M06 T04	换上 ϕ9.0mm 麻花钻
N185	G90 G54 G00 X0 Y0 Z100;	快速移动到(X0 Y0 Z100)点
N190	M03 S500;	主轴正转

N195	G43 Z50 H04;	主轴到达安全高度,建立刀具长度补偿
N200	G73 Z-35 R3 Q5 F50;	钻 ϕ10mm 孔
N205	G80;	取消固定循环
N210	G90 G00 Z100 M05;	抬刀至 Z100,主轴停
N215	M00;	程序暂停
N217	G28 M06 T05	换上 ϕ9.85mm 扩孔钻
N220	G90 G54 G00 X0 Y0 Z100;	快速移动到(X0 Y0 Z100)点
N225	M03 S600;	主轴正转
N230	G43 Z50 H05;	主轴到达安全高度,建立刀具长度补偿
N235	G81 X0 Y0 Z-35 R3 F100;	扩中心孔至 ϕ9.85mm
N240	G80;	取消固定循环
N245	G90 G00 Z100 M05;	抬刀至 Z100,主轴停
N250	M00;	程序暂停,
N251	G28 M06 T06	换上 M10 丝锥
N255	G90 G54 G00 X0 Y0 Z100;	快速移动到(X0 Y0 Z100)点
N260	M03 S120;	主轴正转
N265	G43 Z50 H06;	主轴到达安全高度,建立刀具长度补偿
N270	G84 Y21 Z-15 R3 F180;	11 孔攻螺纹
N275	X-21 Y0;	12 孔攻螺纹
N280	X0 Y-21;	13 孔攻螺纹
N285	X21 Y0;	14 孔攻螺纹
N290	G80;	取消固定循环
N295	G00 Z100 M05;	抬刀至 Z100,主轴停
N300	M00;	程序暂停
N301	G28 M06 T07	换上 ϕ6mm 铰刀
N305	G90 G54 G00 X0 Y0 Z100;	快速移动到(X0 Y0 Z100)点
N310	M03 S120;	主轴正转
N315	G43 Z50 H07;	主轴到达安全高度,建立刀具长度补偿
N320	G85 X30 Y40 Z-35 R3 F60;	铰孔 1
N325	G91 X-15 Z0 R0 K4;	铰 2~5 孔
N330	G90 X30 Y-40;	铰孔 6
N335	G91 X-15 Z0 R0 Q3 K4;	铰 7~10 孔
N340	G80;	取消固定循环
N345	G90 G00 Z100 M05;	抬刀至 Z100,主轴停
N350	M00;	程序暂停
N351	G28 M06 T08	换上 ϕ10mm 铰刀
N355	G90 G54 G00 X0 Y0 Z100;	快速移动到(X0 Y0 Z100)点
N360	M03 S120;	主轴正转
N365	G43 Z50 H08;	主轴到达安全高度,建立刀具长度补偿
N370	G85 Z-35 R3 F60;	铰 0 孔

续表

N375	G80;	取消固定循环
N380	G90 G00 Z100 M05;	抬刀至 Z100,主轴停
N385	M00;	程序暂停
N387	G28 M06 T09	换上 φ15mm 锪孔钻
N390	G90 G54 G00 X0 Y0 Z100;	快速移动到(X0 Y0 Z100)点
N395	M03 S600;	主轴正转
N400	G43 Z50 H09;	主轴到达安全高度,建立刀具长度补偿
N405	G81 Z-5 R3 F100;	锪孔至-5mm
N410	G00 Z100;	抬刀至100mm
N415	M30;	程序结束

编制		审核		批准		年 月 日		共 页		第 页

4. 程序调试与加工

① 将实训学生分组,每组 6 人,小组成员间分工协作完成程序编制和零件加工。

② 将程序输入数控系统,先进行图形模拟,然后分别进行粗、精加工和螺纹加工,保证最后尺寸和表面粗糙度。

③ 加工完成,卸下工件,清理机床。

三、考核评价

1. 学生自检

学生完成零件自检,填写"考核评分表"(表 5-12),并同刀具卡、工序卡和程序单一起上交。

2. 成绩评定

教师协同组长,对零件进行检测,对刀具卡、工序卡和程序单进行批改,对学生整个任务的实施过程进行分析,并填写"考核评分表",对每个学生进行成绩评定。

表 5-12 考核评分表

零件名称		轮廓零件	零件图号		操作人员			完成工时	
序号	鉴定项目及标准			配分	评分标准(扣完为止)	自检	检查结果		得分
1	任务实施 (45分)	填写刀具卡		5	刀具选用不合理扣 5 分				
2		填写加工工序卡		5	工序编排不合理每处扣 1 分, 工序卡填写不正确每处扣 1 分				
3		填写加工程序单		10	程序编制不正确每处扣 1 分				
4		工件安装		3	装夹方法不正确扣 3 分				
5		刀具安装		3	刀具安装不正确扣 3 分				
6		程序录入		3	程序输入不正确每处扣 1 分				
7		对刀操作		3	对刀不正确每次扣 1 分				
8		零件加工过程		3	加工不连续,每终止一次扣 1 分				
9		完成工时		4	每超时 5min 扣 1 分				
10		安全文明		6	撞刀,未清理机床和保养设备扣 6 分				

序号	鉴定项目及标准			配分	评分标准（扣完为止）	自检	检查结果	得分
11	工件质量 （45分）	"10×φ6"	尺寸	10	尺寸每超0.1扣2分			
12			表面粗糙度	5	每降一级扣2分			
13		"8×M10"	尺寸	10	尺寸每超0.1扣2分			
14			表面粗糙度	5	每降一级扣2分			
15		"φ15" "φ10H8"	尺寸	10	尺寸每超0.01扣2分			
			表面粗糙度	5	每降一级扣2分			
16	误差分析 （10分）	零件自检		4	自检有误差每处扣1分，未自检扣4分			
17								
18		填写工件误差分析		6	误差分析不到位扣1～4分， 未进行误差分析扣6分			
	合计			100				

误差分析（学生填）

考核结果（教师填）

检验员		记分员		时间		年　月　日

✎ 课后练习 ◄◄◄

1.对影响孔的位置精度的因素及改进方法进行探究，并填写表5-13。

表5-13　孔的位置精度的影响因素及改进方法

序号	影响因素	改进方法及保证措施
1	机床丝杠的反向间隙	
2	麻花钻的结构	
3	工件定位与装夹	
4	镗杆刚度	
5	孔距测量	

2.如图5-33所示，批量生产该零件，已知该零件的毛坯为160mm×160mm×20mm的方形半成品，材料为45钢，且底面和四周轮廓均已加工好，要求完成B面及各孔的加工。

① 如图5-34所示，完成零件的定位销孔、螺栓孔的加工，并完成工序卡片的填写。零件

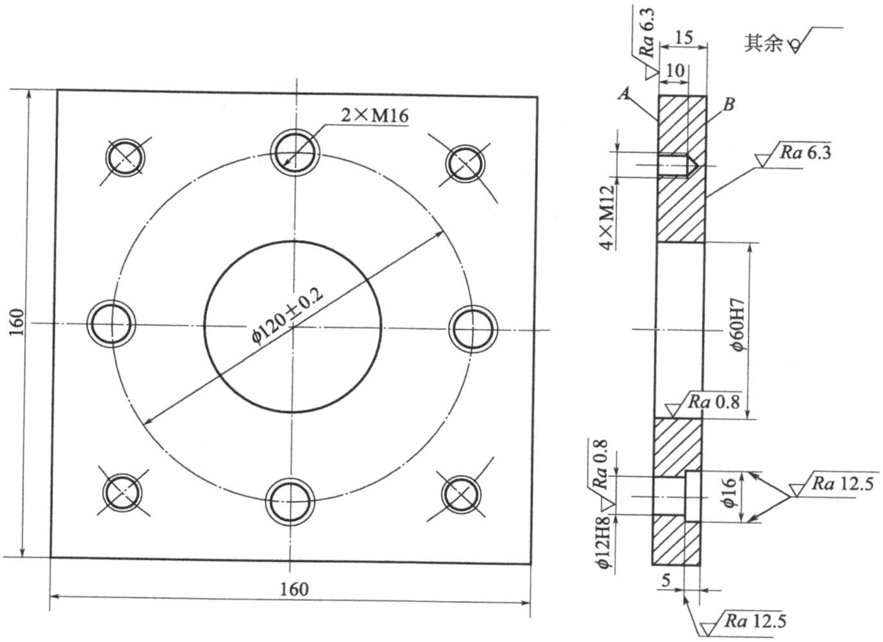

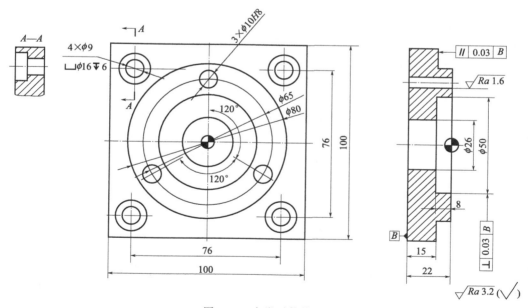

图 5-33 端盖零件图

上下表面、"φ80"外轮廓等部位已在前面工序（步）完成，零件材料为 45 钢。

图 5-34 盘类零件练习

② 如图 5-35 所示，端盖零件底平面、两侧面和"φ40H8"内腔已在前面工序加工完成。本工序加工端盖的 4 个沉头螺钉孔和 2 个销孔，试编写其加工程序。零件材料为 HT150，加工数量为 5000 个/年。

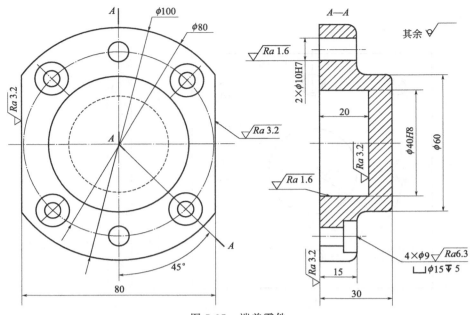

图 5-35   端盖零件

知识拓展

1. 钻头刃磨口诀

口诀一："刃口摆平轮面靠。"这是钻头与砂轮相对位置的第一步，往往有学生还没有把刃口摆平就靠在砂轮上开始刃磨了。这样肯定是磨不好的。这里的"刃口"是主切削刃，"摆平"是指被刃磨部分的主切削刃处于水平位置。"轮面"是指砂轮的表面。"靠"是慢慢靠拢的意思。此时钻头还不能接触砂轮。

口诀二："钻轴斜放出锋角。"这里是指钻头轴心线与砂轮表面之间的位置关系。"锋角"即顶角 118°±2° 的一半，约为 60° 这个位置很重要，直接影响钻头顶角大小及主切削刃形状和横刃斜角。要提示学生记忆常用的一块 30°、60°、90° 三角板中 60° 的角度，学生便于掌握。

口诀一和口诀二都是指钻头刃磨前的相对位置，二者要统筹兼顾，不要为了摆平刃口而忽略了摆好斜角，或为了摆好斜放轴线而忽略了摆平刃口。在实际操作中往往会出这些错误。此时钻头在位置正确的情况下准备接触砂轮。

口诀三："由刃向背磨后面。"这里是指从钻头的刃口开始沿着整个后刀面缓慢刃磨，这样便于散热和刃磨。在稳定巩固口诀一、口诀二的基础上，钻头可轻轻接触砂轮，进行较少量的刃磨。刃磨时要观察火花的均匀性，要及时调整压力大小，并注意钻头的冷却。当钻头冷却后重新开始刃磨时，要继续摆好口诀一、口诀二的位置，这一点往往在初学时不易掌握，常常会不由自主地改变位置。

口诀四："上下摆动尾别翘。"这个动作在钻头刃磨过程中也很重要，往往有学生在刃磨时把"上下摆动"变成了"上下转动"，使钻头的另一主刀刃被破坏。同时钻头的尾部不能高翘于砂轮水平中心线以上，否则会使刃口磨钝，无法切削。

2. 群钻简介

将标准麻花钻的切削部分修磨成特殊形状的钻头。群钻是中国人倪志福于 1953 年发明的，原名倪志福钻头，后改名为"群钻"，寓群众参与改进和完善之意。标准麻花钻的切削部分由两条主切削刃和一条横刃构成，最主要的缺点是横刃和钻心处的负前角大，切削条件不利。群钻是把标准麻花钻的切削部分磨出两条对称的月牙槽，形成圆弧刃，并在横刃和钻心处经修磨形成两条内直刃。这样，加上横刃和原来的两条外直刃，就将标准麻花钻的"一尖三刃"磨成了"三尖七刃"。修磨后钻尖高度降低，横刃长度缩短，圆弧刃、内直刃和横刃处的前角均比标准麻花钻大。因此，用群钻钻削钢件时，轴向力和扭矩分别为标准麻花钻的 $50\%\sim70\%$ 和 $70\%\sim90\%$，切削时产生的热量显著减少。标准麻花钻钻削钢件时形成较宽的螺旋形带状切屑，不利于排屑和冷却。群钻由于有月牙槽，有利于断屑、排屑和切削液进入切削区，进一步减小了切削力和切削热。因此，刀具寿命可比标准麻花钻提高 $2\sim3$ 倍，或生产率提高 2 倍以上。群钻的三个尖顶，可改善钻削时的定心性，提高钻孔精度。为了钻削铸铁、紫铜、黄铜、不锈钢、铝合金和钛合金等各种不同性质的材料，群钻又有多种变型，但"月牙槽"和"窄横刃"仍是各种群钻的基本特点。

项目六

特殊型面宏程序编程加工

 学习目标

- 能根据加工情况合理选择刀具；
- 掌握宏程的结构和编程方法；
- 掌握镜像、旋转、缩放指令的编程格式和编程方法；
- 掌握极坐标方式编程；
- 掌握特殊型面的工艺分析，以及加工中的注意事项。

工作任务 <<<

如图 6-1 所示，已知该零件的毛坯为 100mm×100mm×30mm 的方形坯料，材料为45 钢，且底面和四周轮廓均已加工好，要求在 FANUC 0i 数控系统立式加工中心上按批量生产方式完成顶面加工、键槽加工以及顶面外轮廓的粗、精加工。

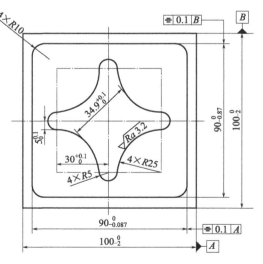

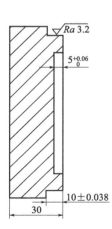

图 6-1 复杂轮廓零件

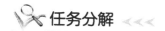

任务一　相关编程指令

一、宏程序编程

宏程序的编制方法就是利用变量编程的方法。

用户宏程序是 FANUC 数控系统及类似产品中的特殊编程功能。用户宏程序的实质与子程序相似，它也是把一组实现某种功能的指令，以子程序的形式预先存储在系统存储器中，通过宏程序调用指令执行这一功能。在主程序中，只要编入相应的调用指令就能实现宏程序的内容。

宏程序与普通程序相比较，普通程序的程序字为常量，一个程序只能描述一个几何形状，所以缺乏灵活性和适用性。而在用户宏程序的本体中，可以使用变量进行编程，还可以用宏指令对这些变量进行赋值、运算等处理。通过使用宏程序能执行一些有规律变化（如非圆二次曲线轮廓）的动作。

1. 变量

宏程序通过编辑变量来改变刀具路线和刀具位置，适用于：形状一样、尺寸不同的系列零件；工艺路线一样，位置数据不同的系列零件；抛物线、椭圆和双曲线等没有插补指令的曲线编程。

用一个可赋值的代号代替具体的坐标值，这个代号称为变量。变量分为系统变量、公共变量和局部变量，它们的性质和用途各不相同。

（1）系统变量

系统变量是指固定用途的变量，它的值决定了系统的状态。例如，FANUC 中的系统变量为 ♯1000～♯1015、♯1032 和 ♯3000 等。

（2）公共变量

公共变量是指在主程序内和由主程序调用的各用户宏程序内公用的变量。例如，FANUC 中有 600 个公共变量，♯100～♯999，当断电时，变量 ♯100～♯199 初始化为空，变量 ♯500～♯999 的数据保存，即使断电数据也不丢失。

（3）局部变量

局部变量是指仅在用户宏程序内使用的变量。同一个局部变量在不同的宏程序内其值是不通用的。例如，FANUC 中有 33 个局部变量，分别为 ♯1～♯33，部分变量的赋值情况如表 6-1 所示。

表 6-1　FANUC 系统部分局部变量赋值表

赋值代号	变量号	赋值代号	变量号	赋值代号	变量号
A	♯1	I	♯4	T	♯20
B	♯2	J	♯5	U	♯21
C	♯3	K	♯6	V	♯22
D	♯7	M	♯13	W	♯23
E	♯8	Q	♯17	X	♯24
F	♯9	R	♯18	Y	♯25
H	♯11	S	♯19	Z	♯26

2. 运算符与表达式

对宏程序中的变量可以进行算术运算和逻辑运算。

（1）算术运算

可以进行加、减、乘、除运算。变量运算功能和格式如表 6-2 所示。

表 6-2   变量运算功能和格式

类型	功能	格式	举例	备注
算术运算	加法	# i= # j＋# k	# 1= # 2＋# 3	常数可以代替变量
	减法	# i= # j－# k	# 1= # 2－# 3	
	乘法	# i= # j* # k	# 1= # 2* # 3	
	除法	# I= # j/# k	# 1= # 2/# 3	
三角函数运算	正弦	# i= SIN[# j]	# 1= SIN[# 2]	角度以度指定，例如，35°30′表示为 35.5°，常数可以代替变量
	反正弦	# i= ASI[# j]	# 1= ASIN[# 2]	
	余弦	# i= COS[# j]	# 1= COS[# 2]	
	反余弦	# i= ACOS[# j]	# 1= ACOS[# 2]	
	正切	# i= TAN[# j]	# 1= TAN[# 2]	
	反正切	# i= ATAN[# j]	# 1= ATAN[# 2]	
其他函数运算	平方根	# i= SQRT[# j]	# 1= SQRT[# 2]	常数可以代替变量
	绝对值	# i= ABS[# j]	# 1= ABS[# 2]	
	舍入	# i= ROUN[# j]	# 1= ROUN[# 2]	
	上取整	# i= FIX[# j]	# 1= FIX[# 2]	
	下取整	# i= FUP[# j]	# 1= FUP[# 2]	
	自然对数	# i= LN[# j]	# 1= LN[# 2]	
	指数对数	# i= EXP[# j]	# 1= EXP[# 2]	
逻辑运算	与	# i= # jAND# k	# 1= # 2AND# 2	按位运算
	或	# i= # j OR # k	# 1= # 2OR# 2	
	异或	# i= # j XOR # k	# 1= # 2XOR# 2	
转换运算	BCD 转 BIN	# i= BIN[# j]	# 1= BIN[# 2]	
	BIN 转 BCD	# i= BCD[# j]	# 1= BCD[# 2]	

例如，"G00 X［#1＋#2］"，X 坐标的值是变量 1 与变量 2 之和。

（2）三角函数计算

对宏程序中的变量可进行正弦（SIN）、反正弦（ASIN）、余弦（COS）、反余弦（ACOS）、正切（TAN）、反正切（ATAN）函数运算。三角函数中的角度以度为单位。其运算功能和格式如表 6-2 所示。

（3）其他函数计算

对宏程序中的变量还可以进行平方根（SQRT）、绝对值（ABS）、舍入（ROUN）、上取整（FIX）、下取整（FUP）、自然对数（LN）、指数（EXP）运算。运算功能和格式如表 6-2 所示。

对于自然对数 LN［#j］，相对误差可能大于 10^{-8}。当 #j≤0 时，发出 P/S 报警（报警号为 111)。

对于指数函数 EXP [#j]，相对误差可能大于 10^{-8}。当运算结果大于 3.65×10^{47} [j 大约 110 时，出现溢出并发出 P/S 报警（报警号为 111）]。

对于取整函数 ROUN [#j]，根据最小设定单位四舍五入。

例如，假设最小设定单位为 1/1000mm，#$1 = 1.2345$，则#$2 = $ROUN [#$1$] 的值是 1.0。

对于上取整 FIF [#j]，绝对值大于原数的绝对值。对于下取整 FUP 绝对值小于原数的绝对值。

例如，假设#$1 = 1.2$，则#$2 = $FIX [#$1$] 的值是 2.0。

假设#$1 = 1.2$，则#$2 = $FUP [#$1$] 的值是 1.0。

假设#$1 = -1.2$，则#$2 = $FIX [#$1$] 的值是 -2.0。

假设#$1 = -1.2$，则#$2 = $FUP [#$1$] 的值是 -1.0。

（4）逻辑运算

对宏程序中的变量可进行与、或、异或逻辑运算，逻辑运算是按位进行的。

（5）数制转换

变量可以在 BCD 码与二进制之间转换。

（6）关系运算

由关系运算符和变量（或表达式）组成表达式。系统中使用的关系运算符如下。

① 等于（EQ）。用 EQ 与两个变量（或表达式）组成表达式，当运算符 EQ 两边的变量（或表达式）相等时，表达式的值为真，否则为假。

例如，#1EQ#2，当#1 与#2 相等时，表达式的值为真。

② 不等于（NE）。用 NE 与两个变量（或表达式）组成表达式，当运算符 NE 两边的变量（或表达式）不相等时，表达式的值为真，否则为假。

例如，#1NE#2，当#1 与#2 不相等时，表达式的值为真。

③ 大于等于（GE）。用 GE 与两个变量（或表达式）组成表达式，当左边的变量（或表达式）大于或等于右边的变量（或表达式）时，表达式的值为真，否则为假。

例如，#1GE#2，当#1 大于或等于#2 时，表达式的值为真，否则为假。

④ 大于（GT）。用 GT 与两个变量或表达式组成表达式，当左边的变量（或表达式大于右边的变量（或表达式）时，表达式的值为真，否则为假。

例如，#1GT#2，当#1 大于#2 时，表达式的值为真，否则为假。

⑤ 小于等于（LE）。用 LE 与两个变量（或表达式）组成表达式，当左边的变量（或表达式）小于或等于右边的变量（或表达式）时，表达式的值为真，否则为假。

例如，#1LE#2，当#1 小于或等于#2 时，表达式的值为真，否则为假。

⑥ 小于（LT）。用 LT 与两个变量（或表达式）组成表达式，当左边的变量（或表达式）小于右边的变量（或表达式）时，表达式的值为真，否则为假。

例如，#1GE#2，当#1 大于#2 时，表达式的值为真，否则为假。

上述运算符的优先顺序如下。

① 函数。函数的优先级最高。

② 乘、除、与运算。乘、除、与运算的优先级次于函数的优先级。

③ 加、减、或、异或运算。加、减、或、异或运算的优先级次于乘、除、与运算的优先级。

④ 关系运算。关系运算的优先级最低。

用方括号可以改变优先级，括号不能超过 5 层，超过 5 层时，发出 P/S 报警（报警号为 111）。

（7）表达式

表达式是由运算符连接起来的常数、宏变量构成。

例如：

```
(175 /SQRT [2] *  COS [55 *  PI / 180])
# 3* 6 GT 14
```

赋值语句是指把常数或表达式的值传给一个宏变量，格式为：宏变量＝常数或表达式。

例如：

```
# 2= 175/SQRT[2] *  COS[55 *  I/180]
# 3= # 3＋1
# 4= 8
```

3. 宏程序结构

宏程序从结构上可以有顺序结构、分支结构和循环结构。下面介绍分支和循环结构的实现方法。

（1）无条件转移（GOTO）

程序段格式为：

```
GOTOn;
```

式中，n 为程序段号。

例如，GOTO 85 表示无条件转向执行 N85 的程序段，而不论 N85 程序段在转向语句之前还是其后。

（2）条件转移（IF）

条件转向语句一般由条件式和转向目标两部分构成。

格式：

```
IF[关系表达式];
GOTOn ;                 n 为顺序号(1~ 9999)
```

表示：如果条件表达式的条件得以满足，则转而执行程序中程序号为 n 的相应操作，程序段号 n 可以由变量或表达式替代；如果表达式中条件未满足，则顺序执行下一段程序。

大于、等于、大于等于、小于等于分别用 GT、EQ、GE、LE 表示。

条件转向语句在宏程序内使用比较广泛。使用条件转向语句，能编出准确的用户宏程序。

例如，如下程序片段：

```
IF[# 1LT30];
    GOTO7;
…
N7 G00 X100 X5;
```

表示：如果 ♯1 大于 30，转去执行标号为 N7 的程序段，否则执行"GOTO7"下面的语句。

（3）循环（WHILE）

格式：

```
WHILE[关系表达式]DOm;         (m = 1,2,3)
…
ENDm;
```

在 WHILE 后指定一个条件表达式。当指定条件满足时,执行从 DO 到 END 之间的程序,否则转到 END 后的程序段。DO 后的号和 END 后的号是指定程序执行范围的标号,标号值为 1、2、3。

当条件表达式成立时执行从 DO 到 END 之间的程序,否则转去执行 END 后面的程序段。

注意:如果"WHILE[条件表达式]"部分被省略,则程序段"DOm"至"ENDm"之间的语句将一直重复执行。"WHILE…DOm"和"ENDm"必须成对使用。

例如:

```
# 1= 5;
WHILE[# 1LE30]DO1;
  # 1= # 1+5;
  G00 X# 1 Y# 1;
END1;
M99;
```

当#1小于等于30时,执行循环程序;当#1大于30时结束循环返回主程序。

4. 宏程序结构实例

宏程序指令适合抛物线、椭圆、双曲线等没有插补指令的曲线编程;适合图形一样,只是尺寸不同的系列零件的编程;适合工艺路径一样,只是位置参数不同的系列零件的编程。采用宏程序编程可较大地简化编程,扩展应用范围。

【例题 6-1】如图 6-2 所示,椭圆长半轴为 40mm,短半轴为 20mm,请以椭圆中心点为编程原点,手工编椭圆程序。

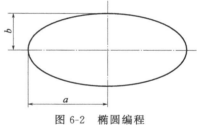

图 6-2 椭圆编程

椭圆方程有两种格式:

标准方程 $\dfrac{x^2}{a^2}+\dfrac{y^2}{b^2}=1$

参数方程 $X=a\cos\alpha$ $Y=b\sin\alpha$（中心在原点）

其中,a 为长半轴,b 为短半轴。这里:$a=40$,$b=20$。

程序如下。

# 1= 40;	初始值是长半轴 40
# 2= 20;	初始值是短半轴 20
# 3= 0. ;	变量,表示角度 α,初始值是 0°,变动范围(0°~360°)
G90 G1 X# 1 Y0. ;	刀具走到(X40,Y0)
G43 Z0. H01;	调长度补偿
G01 Z-5. ;	刀具 Z 向切深 5mm
WHILE[# 3 GT 360] DO01;	
# 13= # 1* COS# 3;	变量,代表 X 的坐标
# 14= # 1* SIN# 3;	变量,代表 Y 的坐标
G01 X# 13 Y# 14 F1000;	刀具走到(X#13,Y#14)
# 3= # 3+1. ;	变量增加 1
END 01;	
G0 Z100. ;	抬刀
M30;	程序结束

【例题 6-2】

如图 6-3 所示，100mm×80mm×20mm 的 45 钢板毛坯，上表面已精加工，其余 5 个面的形状精度和位置精度都比较高。要求对单件平面凸轮廓进行工艺分析并完成程序编制。

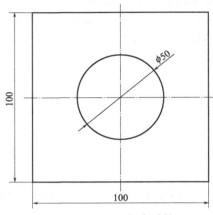

图 6-3　平面凸轮廓零件

程序如下。

O0055;	螺旋铣孔程序号
G90 G80 G40 G49;	程序初始化
G28 M06 T6;	换刀
G90 G54 G00 X0 Y0 Z100;	调用 G54 坐标系,快速运动刀圆心上方的 Z100 处
M03 S1500;	主轴正转,转速 1500r/min
G43 Z50 H06;	建立刀具长度补偿
# 1= 50;	圆孔直径
# 2= 40;	圆孔深度
# 3= 30;	刀具直径
# 4= 0;	Z 坐标设为自变量,赋值为 0
# 17= 1;	Z 坐标每次递增量
# 5= [# 1-# 3]/2;	刀具旋转直径
G00 X# 5;	刀具快速运动动下到点上方
Z[-# 4+1];	快速走刀安全平面
G01 Z-# 4 F200;	刀具 Z 向切深 Z-# 4
WHILE[# 4LT# 2] DO1;	如果切深小于圆孔深度,就循环
# 4= # 4+# 17;	#4 重新赋值
G03 I-# 5 Z-# 4 F1000;	螺旋插补
END1;	循环结束符
G03 I-# 5;	圆弧插补
G01 X[# 5-1];	往中心退刀 1mm
G0 Z100;	抬刀
M30;	程序结束

二、镜像指令

镜像功能可以对称地重复任何次序的加工操作，该编程技术不需要新的计算，所以可缩短编程时间，同时也减少出现错误的可能性。镜像有时候也称为轴倒置功能，这一描述在某种程度上来说是精确的，虽然镜像模式下机床主轴确实是倒置的，但同时也会发生其他变化，这样一来"镜像"的描述就更为准确。镜像是基于对称工件的原则，有时也称为右手（R/H）或左手（L/H）原则。

镜像编程需要了解最基本的直角坐标系，尤其是在各象限里的应用，同时也要很好地掌握圆弧插补和刀具半径补偿的使用。

1. 镜像的基本规则

在一个象限内加工给定的刀具轨迹与在其他象限里加工同样的刀具轨迹一样，主要区别就是某些运动的方向相反。这意味着在一个象限内给定的加工工件可以在镜像功能有效的前提下，在另一个象限里使用同样的程序再现，这就是镜像的基本规则。如图 6-4 所示，镜像功能可以自动改变轴方向和其他方向。

（1）刀具路径方向

根据镜像所选择的象限，刀具路径方向的改变可能影响某些或全部操作：

① 轴的算术符号（正或负）；

② 铣削方向（顺铣或逆铣）；

③ 圆弧运动方向（正转或反转）。

它可能影响一根或多根机床轴，通常只是 X 轴和 Y 轴，镜像应用中一般不使用 Z 轴。并不是所有的运动都同时受到影响，如果程序中设有圆弧插补，就不需要考虑圆弧方向。图 6-5 所示为镜像在四个象限中对刀具路径的影响。

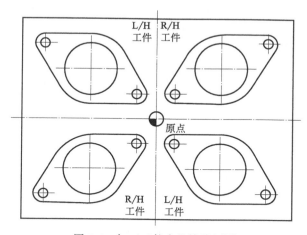

图 6-4　加工工件中的镜像原则

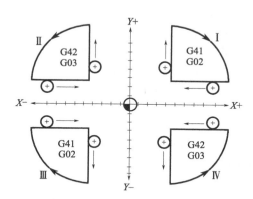

图 6-5　镜像功能在各象限中对刀具路径的影响

（2）初始刀具路径

如果不应用镜像（默认情况下），可以在任何象限内生成初始刀具路径程序，只在定义的象限内加工刀具路径，这也是大部分应用的编程方式。一旦开始使用镜像，无论初始刀具路径定义在哪个象限，都会对初始加工模式（初始加工路径）进行镜像。镜像总是将加工模式（加工路径）转换到其他象限中去，这就是镜像功能的目的。镜像编程需要满足特定的条件，其中之一就是镜像轴的定义。

（3）镜像轴

因为坐标系有四个象限，所以就有被两根机床轴隔开的四个有效的加工区域。镜像轴是将所有编程运动翻转过来的机床轴，镜像轴可以用下面两种方法定义：

① 在机床上（由数控操作人员定义）；

② 在程序中（由数控程序员定义）。

镜像轴对称设置的方式主要有以下四种：

① 正常加工——没有设置镜像；

② 关于 X 轴镜像的加工；

③ 关于 Y 轴镜像的加工；

④ 关于 X 和 Y 轴镜像的加工。

（4）镜像中的坐标符号

一般的加工程序都是这样的，例如如果在第Ⅱ象限中加工编程路径（使用 G90 绝对模式），正常的 X 坐标为正，Y 坐标为负。如果不使用镜像，初始编程象限内坐标点的符号总是正常的，一旦在镜像象限内进行加工，就会根据坐标象限改变符号。

镜像中的坐标正负取决于编程中所使用坐标系的象限，如果在第Ⅰ象限里编程，X 轴和 Y 轴都是正值，下面是所有四个象限中的绝对值列表（表 6-3）。

表 6-3　镜像象限符号

第Ⅰ象限	X＋Y＋	第Ⅲ象限	X－Y－
第Ⅱ象限	X－Y＋	第Ⅳ象限	X＋Y－

镜像编程刀具路径时，数控系统根据镜像轴暂时改变符号，例如如果编程的刀具运动在第Ⅰ象限（X＋Y＋）内且通过 X 轴镜像，其符号将变为第Ⅳ象限里的符号（X＋Y－），这里的镜像轴只有 X 轴。在另一个例子中，同样基于第Ⅰ象限里的初始程序，而镜像轴为 Y 轴，这时临时改变的符号就会变为第Ⅱ象限的（X－Y＋）。如果沿两根轴对第Ⅰ象限内的编程刀具运动进行镜像，那么将在第Ⅲ象限内执行程序（X－Y－）。

（5）铣削方向的镜像

圆周铣削编程可以采用逆铣或顺铣方式，当观察在第Ⅰ象限内以顺铣模式定义的初始刀具运动时，那么在其他象限中的镜像加工如下：

① 镜像到第Ⅱ象限中——逆铣模式；

② 镜像到第Ⅲ象限中——顺铣模式；

③ 镜像到第Ⅳ象限中——逆铣模式。

使用镜像时，理解加工模式非常重要，逆铣模式得不到好的加工结果，它对表面质量和尺寸公差具有负面影响。所以在需要的情况下，可以根据镜像功能改善加工方式。

（6）圆弧运动方向的镜像

当只对一根轴镜像时，圆弧刀具运动的改变只有一种结果，即任何编程的顺时针圆弧都会变成逆时针方向的，反之亦然。下面是沿一根轴镜像后圆弧方向改变的结果，同样也是基于第Ⅰ象限。

① 第Ⅰ象限——最初的圆弧是顺时针方向；

第Ⅱ象限——逆时针切削；

第Ⅲ象限——顺时针切削；

第Ⅳ象限——逆时针切削。

② 第Ⅰ象限——最初的圆弧是逆时针方向；

第Ⅱ象限——顺时针切削；

第Ⅲ象限——逆时针切削；

第Ⅳ象限——顺时针切削。

必要时数控系统会自动完成 G02 和 G03 之间的转换。在大多数加工中，改变圆弧运动方向不会影响加工质量。

（7）程序开始和结束

使用镜像编程时，务必要仔细考虑使用的编程方法，它与在单个象限（不使用镜像）内编程时使用的技巧有所区别。镜像有效时，除了机床原点返回外，程序中所有其他的运动都会发生镜像，这意味着以下几点比较重要：

① 程序以什么方式开始；

② 在什么地方应用镜像；

③ 什么时候取消镜像。

镜像程序通常在同一位置开始和结束，一般在工件的"X0 Y0"处。

2. 设置镜像

镜像可以在数控系统中设置，它不需要特殊代码，因为它只包含一个象限的刀具运动，所以程序相对较短。并不是每一个程序都可以进行镜像，因此必须根据镜像对程序进行修改。

（1）镜像的系统设置

大多数数控系统上都设有一个屏幕设置或镜像扳动开关，两种设计都允许操作人员在操作界面中设置某些参数。使用屏幕设置时，其显示如下：

```
镜像 X 负轴 = 0:(0:OFF   1:ON)
镜像 Y 负轴 = 0:(0:OFF   1:ON)
```

这是默认显示，此时两轴镜像都关闭（取消模式）。只在 X 轴上使用镜像时，显示屏上的显示如下：

```
镜像 X 负轴 = 1:(0:OFF   1:ON)
镜像 Y 负轴 = 0:(0:OFF   1:ON)
```

只在 Y 轴上使用镜像时，显示屏上的显示如下：

```
镜像 X 负轴 = 0:(0:OFF   1:ON)
镜像 Y 负轴 = 1:(0:OFF   1:ON)
```

在两轴上同时使用镜像时，两轴的设置都为"开"：

```
镜像 X 负轴 = 1:(0:OFF   1:ON)
镜像 Y 负轴 = 1:(0:OFF   1:ON)
```

在取消镜像并回到正常编程模式时，X、Y 轴的设置都为零：

```
镜像 X 负轴 = 0:(0:OFF   1:ON)
镜像 Y 负轴 = 0:(0:OFF   1:ON)
```

图 6-6 所示为使用手动操作面板镜像扳动开关。大多数机床都有一个指示灯，当前镜像轴为"ON"时灯变亮。

（2）镜像编程——手动设置

图 6-7 所示的零件图需要在四个象限内分别加工 3 个孔，下面就以它为例，说明镜像的手动设置和编程过程。手动设置镜像时，刀具运动只能在一个象限中（图 6-8），然后将它镜像到其他象限中去，如图 6-9 和下列程序所示。

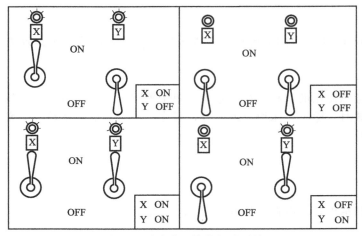

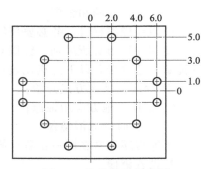

图 6-6   手动设置镜像扳动开关   图 6-7   镜像编程零件图

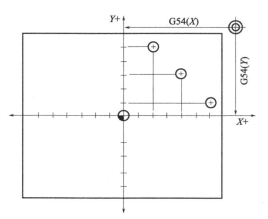

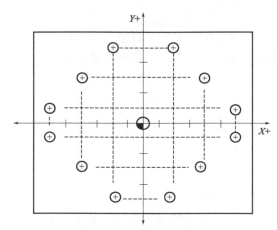

图 6-8   第Ⅰ象限中三个孔的编程刀具运动   图 6-9   使用镜像后四个象限内的刀具运动

```
O0915;
N1 G20;
N2 G17 G40 G80;
N3 G90 G54 G99 G00 X0 Y0 S2200 M03;        (刀具定位到"X0 Y0")
N4 G43 Z1.0 H01 M08;
N5 G82 X6 Y1 R0.1 Z-0.22 P300 F0.3;
N6 X4 Y3;
N7 X2 Y5;
N8 G80 Z1 M09;
N9 G28 Z1 M05;
N10 G00 X0 Y0;                             (必须返回"X0 Y0")
N11 M30;
%
```

注意程序段 N3 中的第一个刀具运动，切削刀具位于"X0 Y0"处，而该处没有孔。这是镜像程序中最重要的程序段，因为该点是四个象限的公共点。

3. 可编程镜像指令

（1）编程镜像加工 1（比例缩放功能 G51 负值的应用）

当比例缩放功能 G51 指定各轴比例因子为负值时，则执行镜像加工，以比例缩放中心为镜像对称中心。

【例题 6-3】如图 6-10 和程序 O0915（主程序）O1013（子程序）所示，实现镜像轨迹模拟。
　　参考程序如下。

```
O0915;                        (主程序)
N1 G54 G90 G00 X60 Y40;
N2 M98 P1013;
N3 G51 X60 Y40 I-1000 J1000;
N4 M98 P1013;
N5 G51 X60 Y40 I-1000 J-1000;
N6 M98 P1013;
N7 G51 X60 Y40 I1000 J-1000;
N8 M98 P1013;
N9 G50;
N10 G00 X100 Y100;
N11 M30;
%
O1013;                        (子程序)
N1 G00 G90 X70 Y50;
N2 G01 X100;
N3 Y70;
N4 X70 Y50;
N5 G00 X60 Y40;
N6 M99;
%
```

（2）编程镜像加工 2（G50.1 和 G51.1 指令的应用）

用可编程的镜像指令 G50.1 和 G51.1 可实现坐标轴镜像的对称加工，如图 6-11 所示。

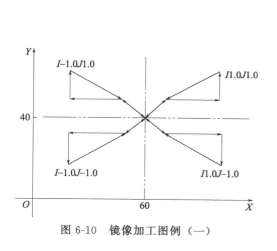

图 6-10　镜像加工图例（一）

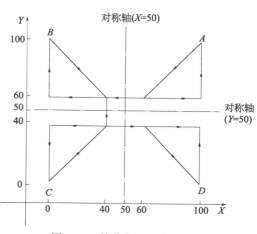

图 6-11　镜像加工图例（二）

A 为程序编制的图像；B 图像的对称轴与 Y 平行，并与 Y 轴在 $Y=50$ 处相交；C 图像对称在点（50，50）；D 图像的对称轴与 X 平行，并与 Y 轴在 $Y=50$ 处相交。

指令格式：

```
G51.1 X __ Y __ Z __;      设置可编程镜像
…                          根据"G51.1 X __ Y __ Z __"指定的对称轴生成在这些程序段中指定的镜像
G50.1 X __ Y __ Z __;      取消可编程镜像
```

指令说明如下。

① 在指定平面内执行镜像指令时，如果程序中有圆弧指令，则圆弧的旋转方向相反，即 G02 变成 G03，相应地 G03 变成 G02。

② 在指定平面内执行镜像指令时，如果程序中有刀具半径补偿指令，则刀具半径补偿的偏置方向相反，即 G41 变成 G42，G42 变成 G41。

③ 在指定平面内执行镜像指令时，如果程序中有坐标系旋转指令，则坐标系旋转方向相反，即顺时针变成逆时针，逆时针变成顺时针。

④ 数控系统数据处理的顺序是从程序镜像到比例缩放到坐标系旋转，所以在指定这些指令时，应按顺序指定，取消时，按相反顺序。在旋转方式或比例缩放方式不能指定镜像指令 G50.1 或 G51.1。但在镜像指令中可以指定比例缩放指令或坐标系旋转指令。

⑤ 在可编程镜像方式中，不能指定返回参考点指令（G27，G28，G29，G30）和改变坐标系指令（G54～G59，G92）。如果要指定其中的一个，则必须在取消可编程镜像后指定。

⑥ 在使用镜像功能时，由于数控铣床的 Z 轴一般安装有刀具，所以，Z 轴一般都不进行镜像加工。

注意事项如下。

① 在深孔钻 G83、G73 时，切深（Q）和退刀量（R）不使用镜像；

② 在精镗（G76）和背镗（G87）中，移动方向不使用镜像；

③ 在使用中，对连续形状不使用镜像功能，因为走刀中有接刀，会使轮廓不光滑。

【例题 6-4】 如图 6-12 所示，进行镜像轨迹模拟。

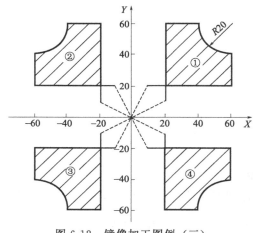

图 6-12 镜像加工图例（三）

```
O4006;                     (主程序)
N10 G90 G54 G00 X0 Y0 Z100;
N20 G91 G17 M03 S600;
N30 M98 P4007;             加工①
N40 G51.1 X0;              Y轴镜像,镜像位置为 X= 0
N50 M98 P4007;             加工②
N60 G50.1 X0;
N70 G51.1 X0Y0;            X、Y轴镜像,镜像位置(0,0)
N80 M98 P4007;             加工③
M90 G50.1 X0 Y0
N100 G51.1 Y0;             X轴镜像,镜像位置为 Y= 0
N110 M98 P4007;            加工④
N120 G50.1 Y0;
```

```
N130 M30;
%
O4007;                                      (子程序)
N10 G41 G00 X20 Y10 D01;
N20 Z-98;
N30 G01 Z-7 F100 ;
N40 Y50;
N50 X20;
N60 G03 X20 Y-20 I20;
N70 G01 Y-20;
N80 X-50;
N90 G00 Z15;
N100 G40 X-10 Y-20;
N110 M99;
%
```

三、旋转指令编程

旋转指令编程能使刀具加工出绕定义点旋转特定角度的分布模式、轮廓或者内腔。数控系统有了该功能后，编程过程就变得更为灵活和有效。这一功能强大的编程特征通常是特殊的系统选项，称为坐标系旋转或坐标旋转。坐标旋转最重要的应用之一是：当工件的定义与坐标轴正交，但加工需要一定的角度时（根据图纸说明的需求），正交模式定义了水平和竖直方向，也就是说刀具运动平行于机床主轴。正交模式的编程比计算倾斜方向上各轮廓拐点的位置要容易得多，比较图 6-13 中的两个矩形：

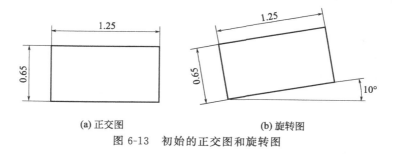

(a) 正交图　　　　　　　　　(b) 旋转图

图 6-13　初始的正交图和旋转图

图 6-13(a) 所示为正交的矩形，图 6-13(b) 所示的是沿逆时针方向旋转 10° 后的相同矩形。手动编写正交图的程序非常容易，而且可以通过选择指令将刀具路径转换为旋转图的轨迹。坐标旋转功能是一个特殊选项，它是数控系统中不可或缺的一部分。坐标旋转功能只需要三个要素（旋转中心、旋转角度以及旋转的刀具路径）来定义旋转工件。

1. 旋转指令

坐标旋转使用两个准备功能分别表示该功能的"开"和"关"。

旋转指令说明如下。

G68——坐标系旋转"开"；

G69——坐标系旋转"关"。

指令 G68 根据旋转中心（也称为极点）和旋转角度产生坐标系旋转：

```
G68 X __ Y __ R __;
```

其中，X 为旋转中心的绝对 X 坐标；Y 为旋转中心的绝对 Y 坐标；R 为旋转角度。

（1）旋转中心

XY 坐标通常是旋转中心（极点），它是一个特殊点，旋转通常绕该点进行——根据所选的工作平面，该点可以用两个不同的轴来定义。G17 平面有效时，X 轴和 Y 轴是绝对旋转中心；G18 平面有效时则使用 X 轴、Z 轴作为旋转点的坐标；而 G19 平面使用 Y 轴、Z 轴作为旋转点坐标。使用旋转指令 G68 之前必须在程序中输入平面选择指令（G17、G18 或 G19），如果没有指定 G68 指令旋转中心的 X 坐标和 Y 坐标（在 G17 平面内），那么当前刀具位置会默认成为旋转中心。

（2）旋转半径

G68 的角度由 R 值指定，单位是度（°），它从定义的中心开始测量。正 R 表示逆时针旋转，负 R 表示顺时针旋转，如图 6-14 所示。

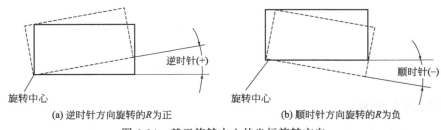

(a) 逆时针方向旋转的 R 为正　　　　　　(b) 顺时针方向旋转的 R 为负

图 6-14　基于旋转中心的坐标旋转方向

（3）取消坐标旋转

G69 指令取消坐标旋转功能并使数控系统返回标准的正交状态（旋转角度为 0°），通常 G69 取消坐标旋转指令在单独的程序段中指定，不和其他代码写在同一行。

2. 旋转指令编程实例

（1）说明及注意事项

说明如下。

① 在坐标系旋转取消指令（G69）以后的第一个移动指令必须用绝对值指定。如果采用增量值指令，则不执行正确的移动。

② 数控数据处理的顺序是：程序镜像→比例缩放→坐标系旋转→刀具半径补偿。所以在指定这些指令时，应按顺序指定，取消时，按相反顺序。在旋转指令或比例缩放指令中不能指定镜像指令，但在镜像指令中可以指定比例缩放指令或坐标系旋转指令。

③ 在指定平面内执行镜像指令时，如果在镜像指令中有坐标系旋转指令，则坐标系旋转方向相反。即顺时针变成逆时针，相应地，逆时针变成顺时针。

④ 如果坐标系旋转指令前有比例缩放指令，则坐标系旋转中心也被缩放，但旋转角度不被比例缩放。

注意事项如下。

① 在坐标系旋转编程过程中，如需采用刀具补偿指令进行编程，则需在指定坐标系旋转指令后再指定刀具补偿指令，取消时，按相反顺序取消。

② 在坐标系旋转方式中，不能指定返回参考点指令（G27～G30）和改变坐标系指令（G54～G59，G92）。如果要指定其中的某一个，则必须在取消坐标系旋转指令后指定。

③ 采用坐标系旋转编程时，要特别注意刀具的起点位置，以防加工过程中产生过切现象。

（2）旋转实例

【例题 6-5】带有圆角的矩形零件（图 6-15），利用坐标旋转指令进行角度旋转后如图 6-16 所示。如果程序原点不旋转，则只包括 G68 和 G69 指令之间的工件轮廓加工路径，而不包括刀具趋近或退回运动。同时也要注意程序段 N2 中的 G69，这里为了安全而使用旋转取消。

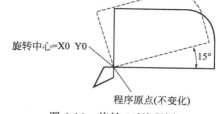

图 6-15 带圆角的矩形零件

图 6-16 旋转 15°编程图

参考程序如下。

```
O1013;
N1 G20;
N2 G69;                                          取消旋转
N3 G17 G80 G40;
N4 G90 G99 G54 G00 X0 Y0 S2200 M03;
N5 G43 Z1 H01 M08;
N6 G01 Z-0.22 F0.3;
N7 G68 X-1 Y-1 R15;
N8 G41 X-0.5 Y-0.5 D01 F0.5;
N9 Y3;
N10 X3.5;
N11 G02 X5 Y1.5 R1.5;
N12 G01 Y0.5;
N13 X-0.5;
N14 G40 X-1 Y-1 M09;
N15 G69;                                         取消旋转
N16 G28 X-1 Y-1 Z1 M05;
N17 M30;
%
```

本例中的程序段 N8 包含刀具半径补偿 C41。进行坐标旋转时，会包括任何编程的刀具偏置或补偿在内。

【例题 6-6】 如图 6-17 所示，编制旋转功能程序。

主程序	子程序
04004;	04005;
N10 G17 G90 G54 G94;	N10 G90 G01 X70 Y0 F100;
N20 M03 S800 F100;	N20 G02 X105 Y0 R17.5;
N30 M98 P4005;	N30 G03 X140 Y0 R17.5;
N40 G68 X0 Y0 R45;	N40 X70 Y0 R35;
N50 M98 P4005;	G00 Z10;
N60 G69;	N50 G00 X0 Y0.;
N70 G68 X0 Y0 R90;	N60 M99;
N80 M98 P4005;	
N90 G69;	
N100 M30;	

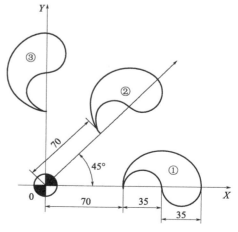

图 6-17 旋转 45°和 90°编程图

对于某些围绕中心旋转得到的特殊轮廓加工来说，如果根据旋转后的实际加工轨迹进行编程，就可能使坐标计算的工作量大大增加。而通过图形旋转功能，可以大大简化编程的工作量。

四、缩放指令编程

数控铣床编程的刀具运动在刀具半径偏置有效的情况下通常和图纸尺寸是一致的。有时需要重复已编写的刀具运动轨迹，但尺寸大于或小于初始加工轮廓，即和原来的刀具轨迹保持一定的比例。为实现这一目的，可使用比例缩放功能。

为了使编程更为灵活，比例缩放功能可以与其他功能同时使用：基准移动、镜像、坐标系旋转。

1. 缩放指令的概述

数控系统在编程中使用比例缩放指令，意味着改变了所有轴的编程值。比例缩放过程就是将各轴的值乘上比例缩放值，编程人员必须给出比例缩放中心和比例缩放值。通过数控系统参数设定能够确定比例缩放功能在三根轴上是否有效，但它对任何附加轴都不起作用，比例缩放功能大多用于 X 轴和 Y 轴。

特定值和预先设置的值（即各种偏置）不受比例缩放指令的影响，比例缩放功能不会改变下列偏置功能。

① 刀具半径偏移量：G41～G42 中的 "D"；
② 刀具长度偏移量：G43～G44 中的 "H"；
③ 刀具位置偏移量：G45～G48 中的 "H"。

在固定循环中，还有以下值也不受比例缩放功能的影响。

① G76 和 G87 循环中 X 轴和 Y 轴的移动量；
② G83 和 G73 循环中的深孔钻深度 Q；
③ G83 和 G73 循环中的返回量。

在实际使用过程中有许多缩放现有刀具路径的应用，它们可以节省很多额外的工作时间，以下是几个常见应用：

① 几何尺寸相似的工件；
② 使用固定缩放比例值的加工；
③ 模具生产；
④ 英制和公制尺寸之间的换算；
⑤ 改变刻线尺寸。

不管是何种应用，比例缩放功能都是产生一个大于或小于原刀具路径的新刀具路径。因此，比例缩放功能常用于现有刀具路径的放大（增加尺寸）或缩小（减小尺寸），如图 6-18 所示。

(a) 缩小   (b) 原始大小   (c) 放大
图 6-18　原始工件与缩放图

2. 比例缩放编程格式

比例缩放功能的使用必须首先确定以下两个数据：

① 比例缩放中心：缩放中心点；
② 比例缩放值：缩小或放大。

比例缩放功能最常用的准备功能是 G51 和 G50。

比例缩放指令说明如下。

G50——取消比例缩放（比例缩放功能 "关"）；

G51——激活比例缩放（比例缩放功能"开"）。

比例缩放功能的编程格式如下：

```
G51 I __ J __ K __ P __;
```

其中，I 为比例缩放中心的 X 坐标（绝对值）；J 为比例缩放中心的 Y 坐标（绝对值）；K 为比例缩放中心的 Z 坐标（绝对值）；P 为比例缩放值（增量为 0.001 或 0.00001）。

在数控编程中必须在单独程序段中编写 G51 指令，与机床原点复位相关的指令 G27、G28、G29 和 G30 通常应该在比例缩放功能"关"模式下编写。如果使用 G92 指令，也应确保在比例缩放功能"关"模式下编写。使用比例缩放功能前，应使用 G40 指令取消刀具半径偏置指令 G41/G42。其他的指令和功能仍可以有效，包括工件偏置指令 G54～G59。

（1）比例缩放中心

比例缩放中心决定缩放后刀具路径的位置。

工件从比例缩放中心沿各轴等比例缩小或放大，如图 6-19 所示。为了了解较为复杂的轮廓形状，可以比较同时包括初始轮廓和缩放后轮廓的图 6-20。图 6-20 中显示了两条刀具路径（A 和 B）和比例缩放中心 C，根据比例缩放因子的大小，刀具路径可能从 $A_1 \rightarrow A_8$ 或者从 $B_1 \rightarrow B_8$。

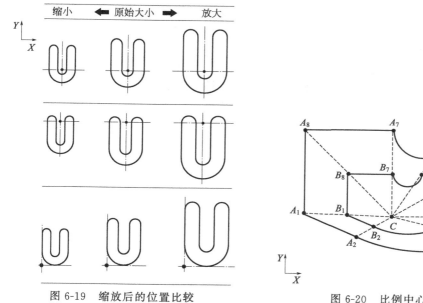

图 6-19　缩放后的位置比较　　　　　图 6-20　比例中心对缩放的影响

图 6-20 中的点 $A_1 \sim A_8$ 以及点 $B_1 \sim B_8$ 表示刀具路径的轮廓拐点。如果刀具路径 $A_1 \rightarrow A_8$ 是初始路径，那么刀具路径 $B_1 \rightarrow B_8$ 是关于点 C 缩放后的刀具路径，其比例缩放因子小于 1。如果刀具路径 $B_1 \rightarrow B_8$ 是初始路径，那么刀具路径 $A_1 \rightarrow A_8$ 是关于点 C 缩放后的刀具路径，其比例缩放因子大于 1。虚线连接的各个点使比例缩放功能更清晰，虚线从中心点 C 开始，始终连接轮廓拐点，点 B 始终是中心点 C 和对应的点 A 的中间点，实际上也就意味着 C 点到 B_5 的距离和 B_5 到 A_5 的距离是相等的。

（2）比例缩放因子

比例缩放因子决定缩放后刀具路径的大小。最大的比例缩放值与最小的比例缩放值有关。数控系统能通过系统参数在内部预先设置最小比例因子（0.001 或 0.0001）。一些老式系统只能设置 0.001 为最小比例缩放值。比例缩放值独立于程序中所使用的单位（G20 或 G21）。如果最小比例值设为 0.001，可编程的最大比例值为 999.999；如果最小比例值设为 0.00001，可编程的最大比例值为 9.99999。通常可以根据选择考虑大比例对精度的影响，反之亦然。对于大多数应用，0.001 的最小比例值就已经足够了。

① 比例值＞1：放大；

② 比例值＝1：不变；

③ 比例值＜1：缩小。

如果 G51 程序段中没有使用"P"地址，系统参数的默认设置将自动有效。

3. 缩放指令编程实例

（1）说明及注意事项

说明如下。

① 比例缩放中的刀具半径补偿问题。在编写比例缩放程序过程中，要特别注意建立刀补程序段的位置，通常，刀补程序段应写在缩放程序段内。

② 比例缩放中的圆弧插补在比例缩放中进行圆弧插补，如果进行等比例缩放，则圆弧半径也相应缩放相同的比例；如果指定不同的缩放比例，则刀具不会走出相应的椭圆轨迹，仍将进行圆弧的插补，圆弧的半径根据 IJ 中的较大值进行缩放。

注意事项如下。

① 比例缩放的简化形式。如将比例缩放程序"G51 X __ Y __ Z __ P __；"或"G51 X __ Y __ Z __ I __ J __ K __；"简写成"G51；"，则缩放比例由机床系统参数决定，而缩放中心则指刀具刀位点的当前所处位置。

② 比例缩放对固定循环中 Q 值与 d 值无效。在比例缩放过程中，有时我们不希望进行 Z 轴方向的比例缩放。这时，可修改系统参数，以禁止在 Z 轴方向上进行比例缩放。

③ 比例缩放对工件坐标系零点偏移值和刀具补偿值无效。

④ 在缩放状态下，不能指定返回参考点的 G 指令（G27～G30），也不能指定坐标系设定指令（G52～G59，G92）。若一定要指令这些 G 代码，应在取消缩放功能后指定。

（2）实例编程

【例题 6-7】带有圆角的矩形零件（图 6-21），利用比例缩放指令进行缩放后加工，如图 6-22 所示。

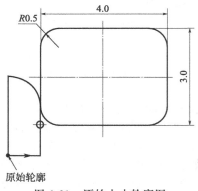

图 6-21　原始大小轮廓图　　　　图 6-22　三个深度上的缩放轮廓图

```
O1013;                    （主程序）
N1 G20;
N2 G50;                   比例取消
N3 G17 G40 G80 D01;
N4 M06;
```

```
N5 G90 G54 G00 X-1.0 Y-1.0 S2500 M03;
N6 G43 Z0.5 H01 M08;
N7 G01 Z-0.125 F120;          设置深度
N8 G51 I2.0 J1.5 P0.5;        在 Z-0.125 位置缩放 0.5 倍
N9 M98 P7001;                 加工正常轮廓
N10 G01 Z-0.25;               设置深度
N11 G51 I2.0 J1.5 P0.75;      在 Z-0.250 位置缩放 0.75 倍
N12 M98 P7001;                加工正常轮廓
N13 G01 Z-0.35;               设置深度
N14 G51 I2.0 J1.5 P0.875;     在 Z-0.350 位置缩放 0.875 倍
N15 M98 P7001;                加工正常轮廓
N16 M09;
N17 G28 Z0.5 M05;
N18 G00 X-2.0 Y10.0;
N19 M30;
%
O7001;                        子程序
N701 G01 G41 X0;
N702 Y2.5 F100;
N703 G02 X0.5 Y3.0 R0.5;
N704 G01 X3.5;
N705 G02 X4.0 Y2.5 R0.5;
N706 G01 Y0.5;
N707 G02 X3.5 Y0 R0.5;
N708 G01 X0.5;
N709 G02 X0 Y0.5 R0.5;
N710 G03 X-1.0 Y1.5 R1.0;
N711 G01 G40 Y-1.0 F15.0;
N712 G50;                     比例缩放"关"
N713 X-1.0 Y-1.0;             返回初始点
N714 M99;
%
```

比例缩放功能具有很多可能性，通常要检查相关的系统参数以确保程序正确反映系统设置，不同的数控系统之间存在很大的区别。

【例题 6-8】如图 6-23 所示，三角形 ABC 中，顶点为 A（30，40），B（70，40），C（50，80），若缩放中心为 D（50，30），则缩放程序为：

```
O0915;
…
N22 G51 X50 Y50 P2;
…
N99 M30;
%
```

在数控编程中，有时在对应坐标轴上的值是按固定的比例系数进行放大或缩小的，为了编程方便，可采用比例缩放指令来进行编程。

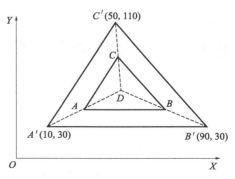

图 6-23 三角形的比例缩放图

五、极坐标

除了直角坐标系我们还能够采用另外一种坐标表示法——极坐标系表示法。

（1）极坐标系的组成

① 极点 O。在平面上取定一点 O，称为极点。

② 极轴 X。从 O 出发引一条射线 OX，称为极轴。

③ 极半径 ρ。在平面上任一点 M 的位置，连接极点 O，则线段 OM 称为 M 点的极半径，其取值都为正值，长度由极轴上所取定的一个长度单位来衡量。

④ 极角度 θ。在平面上任一点 M 的位置，连接极点 O，则极半径 OM 与极轴 OX 所夹的角度 θ，称为 M 点的极角度。通常规定角度取逆时针方向旋转时为正值。

极坐标系如图 6-24 所示。

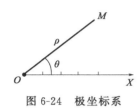

图 6-24　极坐标系

这样，平面上任一点 M 的位置在极坐标系中就可以用线段 OM 的长度 ρ 以及从 OX 到 OM 的角度 θ 来确定，有序数对 (ρ, θ) 就称为 M 点的极坐标，记为 $M(\rho, \theta)$；OM 称为 M 点的极径，θ 称为 M 点的极角。当限制 $\rho \geqslant 0$，$0 \leqslant \theta < 2\pi$ 时，平面上除极点 O 以外，其他每一点都有唯一的一个极坐标。极点 O 的极径为零，极角任意。

（2）极坐标系指令的使用方法

① 极坐标指令：

G16——极坐标系生效指令。

G15——极坐标系取消指令。

② 指令说明：当使用极坐标指令后，坐标值以极坐标方式指定，即以极坐标半径和极坐标角度来确定点的位置。

• 极坐标半径：当使用 G17、G18、G19 指令选择好加工平面后，用所选平面的第一轴地址来指定，该值用正值表示。

• 极坐标角度：所选用平面的第二坐标地址来指定极坐标角度，极坐标的 $0°$ 方向为第一坐标轴的正方向，逆时针方向为角度的正向，顺时针方向为角度的负向。

（3）极坐标系指令格式

```
G17/G18/G19 G16;
G __ X __ Y __;
…
G15;
```

其中，X 为极半径；Y 为极角度。

任务二　完成特殊型面零件的编程和加工

一、加工工艺设计

（1）首先进行零件结构工艺性分析

该零件的外形尺寸为 $100mm \times 100mm \times 30mm$，是形状规整的正方形零件。加工内容为 $90mm \times 90mm$ 凸台轮廓，凸台高 10mm，凸台轮廓的 4 个角均为 $R10$ 圆弧光滑连接，凸台内部有一个对称的棱形内形腔，深度是 5mm。尺寸精度、形位公差均为自由公差，凸台轮廓和内腔轮廓的表面粗糙度 Ra 均为 3.2μm。

（2）确定装夹方案

该零件轮廓由"直线＋圆弧"构成，需两轴联动加工。实际加工所需刀具不多，可以选用立式数控铣镗床。由于单件生产，根据毛坯情况，可选用通用夹具中的机用平口虎钳装夹零件，垫平零件底面，零件上表面高出钳口 10mm 以上，防止刀具与虎钳干涉。根据零件形状及加工精度要求，一次装夹完成所有加工内容。

（3）选择刀具

由于是加工外轮廓，粗、精铣凸轮廓，应尽量选用大直径刀，以提高加工效率，本项目选用 3 齿 φ16mm 高速钢普通立铣刀。用 φ16mm 立铣刀在内腔中间铣孔至 φ33mm，去除内腔中间部分余量。然后用 φ8mm 粗、精铣内腔轮廓。刀具卡如表 6-4 所示。

表 6-4 孔加工刀具卡

数控加工刀具卡片			工序号	程序编号	产品名称	零件名称	材料	零件图号
			1	O0007		长方体	45 钢	
序号	刀具号	刀具名称	刀具规格/mm		补偿值/mm		刀补号		备注
			直径	长度	半径	长度	半径	长度	
1	T01	普通立铣刀	φ16	实测	8.5			H01	高速钢
2	T02	普通立铣刀	φ16	实测	8			H02	高速钢
3	T03	普通立铣刀	φ4	实测	4.5			H03	高速钢
4	T04	普通立铣刀	φ4	实测	4			H04	高速钢
编制			审核		批准		年 月 日	共 页	第 页

（4）确定加工顺序及进给路线

① 加工外轮廓。刀具沿凸轮廓顺时针方向走刀；下刀点可以选择在零件的外部；从下刀点用圆弧切入凸轮廓，在加工完成后再以圆弧轨迹退出凸轮廓。

加工凸轮廓进给路线（图 6-25）：下刀点（Z 方向下刀）→01（移动过程中建立右刀补）→02（沿圆弧切入）→03→04→05→06→07→08→09→10→02→11（沿圆弧轨迹离开零件轮廓）。

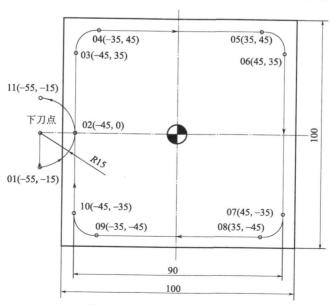

图 6-25 加工凸轮廓进给路线

坐标点的计算，如表 6-5 所示。

表 6-5　各坐标点的计算

坐标	下刀点	01	02	03	04	05	06	07	08	09	10	11
X 坐标	−55	−55	−45	−45	−35	35	45	45	45	−35	−45	−55
Z 坐标	0	−15	0	35	45	45	35	−35	−35	−45	−35	15

② 加工内腔。内腔轮廓下刀点选择在对称中心的 01 点，进给路线为：01→02（建立右刀补）→03（圆弧切入）→04→05→06→07→08→09→10→02（内腔轮廓描述结束）→11（圆弧切出轮廓），如图 6-26 所示。

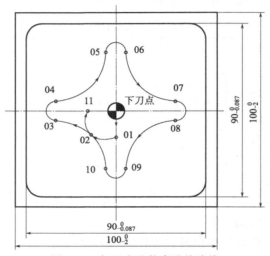

图 6-26　加工内腔轮廓进给路线

坐标点的计算，如表 6-6 所示。

表 6-6　各坐标点的计算

坐标	下刀点	01	02	03	04	05	06	07	08	09	10	11
X 坐标	0	0	−12.322	−30	−30	−5	5	30	30	5	−5	−13.74
Z 坐标	0	−13.74	−12.322	−5	5	30	30	5	−5	−30	−30	0

对于中央剩余部分，可以使用 ϕ16mm 立铣刀进行螺旋下刀挖孔，在型腔中间挖孔至 ϕ33mm 从而达到去除的目的。

把零件加工顺序、所采用的刀具和切削用量等参数编入表 6-7 中，以指导编程和加工操作。

表 6-7　数控加工工序卡

工步号	工步内容	刀具编号	刀具规格 /mm	主轴转速 /r・min⁻¹	进给速度 /mm・min⁻¹	背吃刀量 /mm	备注
1	粗加工外轮廓	T01	ϕ16 立铣刀	700	150	1.5	
2	精加工外轮廓	T02	ϕ16 立铣刀	1000	200		
3	螺旋下刀挖孔	T01	ϕ16 键槽刀	1000	150	1	
4	粗加工内轮廓	T03	ϕ8 立铣刀	800	150	1	
5	精加工外轮廓	T04	ϕ8 立铣刀	1000	200		

二、程序编写与加工

以 FANUC 0i 数控系统为例，编制参考程序如下。

（1）外轮廓粗加工（刀补 8.5mm）

N010	O0001;	程序号
N020	G54 G21;	公制单位设定\设定 G54 作为加工坐标
N030	G17 G40 G49 G80 G90;	工作平面设定\取消半径补偿取消长度补偿\取消固定循环\绝对坐标设定
N040	S700 M03;	直线快速移动\主轴正转
N050	G00 X-55. Y0.;	Z 轴直线快速移动
N060	Z20.;	至安全平面\可手动开启切削液
N070	#1= 1.5;	变量初始值
N080	WHILE[#1LE9.5] DO1;	WHILE 循环语句条件设置
N090	G01 Z-#1 F150;	下刀
N100	G01 G41 X-55. Y-15. F200 D01;	建立半径补偿 D01=8.5
N110	G03 X-45. Y0. R15.;	圆弧走刀至 02 点
N120	G01 Y35.;	直线走刀至 03 点
N130	G02 X-35. Y45. R10.;	圆弧走刀至 04 点
N140	G01 X35.;	直线走刀至 05 点
N150	G02 X45. Y35. R10.;	圆弧走刀至 06 点
N160	G01 Y-35;	直线走刀至 07 点
N170	G02 X35. Y-45. R10.;	圆弧走刀至 08 点
N180	G01 X-35.;	直线走刀至 09 点
N190	G02 X-45. Y-35. R10.;	圆弧走刀至 10 点
N200	G01 X-45. Y-0.;	直线走刀至 02 点
N210	G03 X-55 Y-15 R15;	圆弧走刀至 11 点
N220	G40 G01 Y0;	撤销刀补至下刀点
N230	#1= #1+1.5;	#1 增加 1.5mm，重新赋值
N240	END1;	WHILE 循环语句结束符
N250	G00 Z50.;	抬刀
N260	M30;	程序结束

（2）外轮廓精加工（半径补偿 8mm）

N010	O0002;	
N020	G17 G40 G49 G80 G90;	工作平面设定\取消半径补偿取消长度补偿\取消固定循环\绝对坐标设定
N030	G28 M06 T2;	回到换刀点调用 2 号刀
N040	G90 G54 G21;	公制单位设定\设定 G54 作为加工坐标
N050	S700 M03;	直线快速移动\主轴正转
N060	G00 X-65. Y-65.;	刀具快速移动
N070	Z20.;	下刀到安全平面
N080	G01 Z-10. F150;	下刀到 Z 深 10mm
N100	G01 G41 X-55. Y-15. F200 D01;	建立半径补偿 D01=8.0
N110	G03 X-45. Y0. R15.;	圆弧走刀至 02 点
N120	G01 Y35.;	直线走刀至 03 点
N130	G02 X-35. Y45. R10.;	圆弧走刀至 04 点

N140	G01 X35. ;	直线走刀至 05 点
N150	G02 X45. Y35. R10. ;	圆弧走刀至 06 点
N160	G01 Y-35;	直线走刀至 07 点
N170	G02 X35. Y-45. R10. ;	圆弧走刀至 08 点
N180	G01 X-35. ;	直线走刀至 09 点
N190	G02 X-45. Y-35. R10. ;	圆弧走刀至 10 点
N200	G01 X-45. Y-0. ;	直线走刀至 02 点
N210	G03 X-55 Y-15 R15;	圆弧走刀至 11 点
N220	G40 G01 Y0;	撤销刀补至下刀点
N250	G00 Z50. ;	抬刀
N260	M30;	程序结束

（3）螺旋下刀挖孔（ϕ16mm）

N010	O0003;	螺旋下刀挖孔
N020	G90 G80 G40 G49;	程序初始化
N030	G28 M06 T2;	换刀
N040	G90 G54 G00 X0 Y0 Z100;	调用 G54 坐标系,快速运动刀圆心上方的 Z100 处
N050	M03 S1500;	主轴正转,转速 1500r/min
N060	G43 Z50 H02;	建立刀具长度补偿
N070	# 1= 33;	圆孔直径到 33mm
N080	# 2= 5;	圆孔深度 5mm
N090	# 3= 16;	刀具直径为 16mm
N100	# 4= 0;	Z 坐标设为自变量,赋值为 0
N110	# 17= 1;	挖孔的时候 Z 坐标每次递增量
N120	# 5= [# 1-# 3]/2;	刀具旋转直径
N130	G00 X0 Y0;	刀具快速运动动下到点上方
N140	Z[-# 4+1];	快速走刀安全平面
N150	G01 Z-# 4 F200;	刀具 Z 向切深 Z-# 4
N160	G00 X# 5;	刀位点定位到螺纹走刀路线上一点（#5,0）
N170	WHILE[# 4LT# 2] DO1;	如果切深小于圆孔深度,就循环
N180	# 4= # 4+# 17;	# 4 重新赋值
N190	G03 I-# 5 Z-# 4 F1000;	螺旋插补
N200	END1;	循环结束符
N210	G03 I-# 5;	圆弧插补
N220	G01 X[# 5-1];	往中心退刀 1mm
N230	G0 Z100;	抬刀
N240	M30;	程序结束

（4）棱型粗加工（刀补 4.5mm）

N010	O0004;	内轮廓粗加工程序号
N020	G21 G54;	公制单位设定\设定 G54 作为加工坐标
N030	G17 G40 G49 G80 G90;	工作平面设定\取消半径补偿取消长度补偿\取消固定循环\绝对坐标设定
N040	M3 S1000;	主轴正转

续表

N050	G00 X0 Y0. ;	Z 轴直线快速移动至安全平面
N060	Z20. ;	\开启切削液
N070	# 1= 1;	变量初始值
N080	WHILE [# 1 LE4. 5] DO1;	WHILE 循环语句条件设置
N090	G1 Z-# 1 F150;	
N100	G42 G1 Y-13. 74 F200 D1;	建立半径补偿 D01＝8.5
N110	G02 X-12. 322 Y-12. 322 R10. ;	轮廓起始
N120	G03 X-30. Y-5. R25. ;	
N130	G02 X-30. Y5. R5. ;	
N140	G03 X-5. Y30. R25. ;	
N150	G02 X5. Y30. R5. ;	
N160	G03 X30. Y5. R25. ;	
N170	G02 X30. Y-5. R5. ;	
N180	G03 X5. Y-30. R25. ;	
N190	G02 X-5. Y-30. R5. ;	
N200	G03 X-12. 322 Y-12. 322 R25. ;	
N210	G02 X-13. 74 Y0 R10. ;	
N220	G40 G01 X0 Y0;	轮廓结束
N230	# 1= # 1＋1;	
N240	END1;	循环结束符号
N250	G00 Z50. ;	快速移动至安全高度
N260	M30;	程序结束

（5）棱型精加工（刀补 4.0mm）

N010	O0005;	精加程序号
N020	G21 G54;	公制单位设定\设定 G54 作为加工坐标
N030	G17 G40 G49 G80 G90;	工作平面设定\取消半径补偿取消长度补偿\取消固定循环\绝对坐标设定
N040	M3 S1000;	主轴正转
N050	G00 X0 Y0. ;	刀具快速移动
N060	Z20. ;	下刀到安全平面
N070	G1 Z-5. F150;	下刀到 Z 深 5mm
N080	G42 G1 Y-13. 74 F200 D5;	建立半径补偿 D5＝4.0
N090	G02 X-12. 322 Y-12. 322 R10. ;	开始加工轮廓
N100	G03 X-30. Y-5. R25. ;	
N110	G02 X-30. Y5. R5. ;	
N120	G3 X-5. Y30. R25. ;	
N130	G2 X5. Y30. R5. ;	
N140	G3 X30. Y5. R25. ;	
N150	G2 X30. Y-5. R5. ;	
N160	G3 X5. Y-30. R25. ;	
N170	G2 X-5. Y-30. R5. ;	
N180	G3 X-12. 322 Y-12. 322 R25. ;	
N190	G02 X-13. 74 Y0 R10. ;	
N200	G40 G01 X0 Y0;	精加工轮廓结束
N210	G0 Z50. ;	快速移动至安全高度
N220	M30;	程序结束

三、考核评价

1.学生自检

学生完成零件自检，填写"考核评分表"（表 6-8），并同刀具卡、工序卡和程序单一起上交。

2.成绩评定

教师协同组长，对零件进行检测，对刀具卡、工序卡和程序单进行批改，对学生整个任务的实施过程进行分析，并填写"考核评分表"，对每个学生进行成绩评定。

表 6-8　考核评分表

零件名称	轮廓零件		零件图号		操作人员			完成工时	
序号	鉴定项目及标准			配分	评分标准（扣完为止）	自检	检查结果	得分	
1	任务实施（45分）	填写刀具卡		5	刀具选用不合理扣 5 分				
2		填写加工工序卡		5	工序编排不合理每处扣 1 分，工序卡填写不正确每处扣 1 分				
3		填写加工程序单		10	程序编制不正确每处扣 1 分				
4		工件安装		3	装夹方法不正确扣 3 分				
5		刀具安装		3	刀具安装不正确扣 3 分				
6		程序录入		3	程序输入不正确每处扣 1 分				
7		对刀操作		3	对刀不正确每次扣 1 分				
8		零件加工过程		3	加工不连续，每终止一次扣 1 分				
9		完成工时		4	每超时 5min 扣 1 分				
10		安全文明		6	撞刀，未清理机床和保养设备扣 6 分				
11	工件质量（45分）	"90×90"凸台	尺寸	10	尺寸每超 0.1 扣 2 分				
12			表面粗糙度	5	每降一级扣 2 分				
13		"4×R25"圆弧	尺寸	10	尺寸每超 0.1 扣 2 分				
14			表面粗糙度	5	每降一级扣 2 分				
15		深度"10"和深度"3"的上表面	尺寸	10	尺寸每超 0.01 扣 2 分				
16			表面粗糙度	5	每降一级扣 2 分				
17	误差分析（10分）	零件自检		4	自检有误差每处扣 1 分，未自检扣 4 分				
18		填写工件误差分析		6	误差分析不到位扣 1～4 分，未进行误差分析扣 6 分				
合计				100					

误差分析（学生填）

考核结果（教师填）

检验员		记分员		时间		年　月　日	

课后练习 ‹‹‹

1. 如图 6-27～图 6-29 所示，编程完成零件的加工。

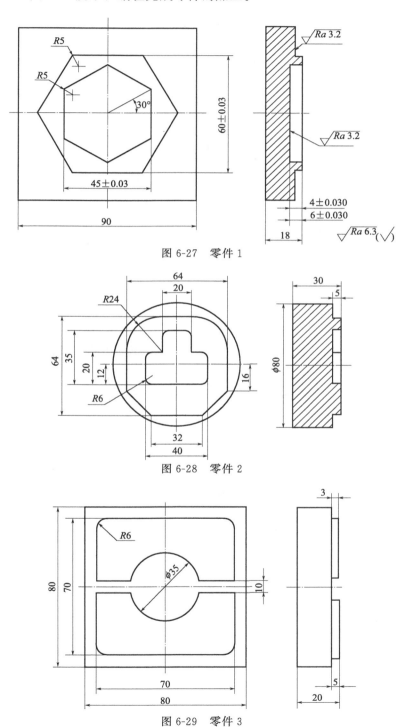

图 6-27 零件 1

图 6-28 零件 2

图 6-29 零件 3

2. 如图 6-30 所示的零件，毛坯尺寸 100mm×100mm×20mm，材料为铝合金，六个表面已经加工，试编程并加工轮廓及内腔。

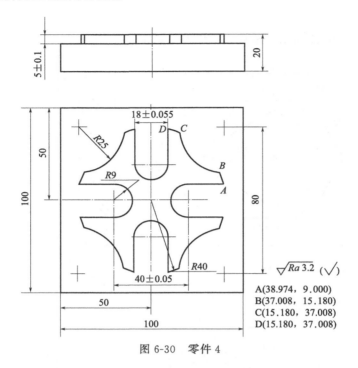

A(38.974，9.000)
B(37.008，15.180)
C(15.180，37.008)
D(15.180，37.008)

图 6-30　零件 4

3. 如图 6-31～图 6-33 所示的零件，毛坯尺寸 100mm×70mm×30mm 或 （100mm×80mm×20mm），材料为铝合金，六个表面已经加工，试编程并加工加工轮廓及型腔。

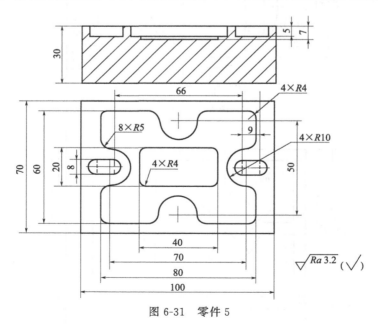

图 6-31　零件 5

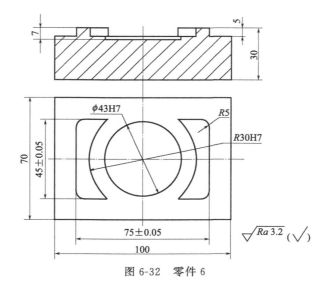

图 6-32　零件 6

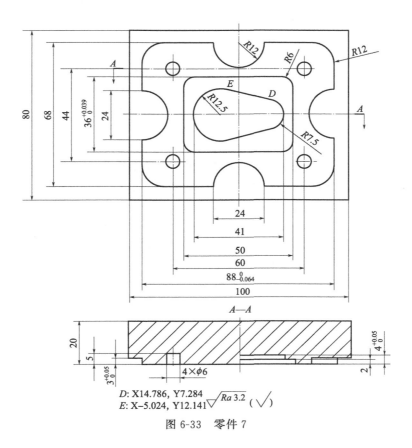

D: X14.786, Y7.284
E: X−5.024, Y12.141 $\sqrt{Ra\,3.2}$ ($\sqrt{}$)

图 6-33　零件 7

知识拓展

精益生产（Lean production）

1985 年，IMVP（国际汽车计划组织）耗费巨资，历时五年，对全世界 17 个国家或地区的 90 多个汽车制造厂进行调查和对比分析，写出了大量研究报告，最后出版了一本名为《改变世界机器》的著作，总结出了一种以日本丰田生产方式为原型的"精益生产方式"。

精益生产要求企业的各项活动都必须运用"精益思维"。"精益思维"的核心就是以最小资源投入，包括人力、设备、资金、材料、时间和空间，准时地创造出尽可能多的价值，为顾客提供新产品和及时的服务。

精益生产主要内容可概括为以下几个方面。

① 在生产系统方面，以作业现场具有高度工作热情的"多面手"（具有多种技能的工人）和独特的设备配置为基础，将质量控制融汇到每一道生产工序中去；生产起步迅速，能够灵活地适应产品的设计变更、产品变换以及多品种混合生产的要求。

② 在零部件供应系统，在运用竞争原理的同时，与零部件供应厂家保持长期稳定的全面合作关系，包括资金合作、技术合作以及人员合作（派遣、培训等），形成一种"命运共同体"。

③ 在产品的研究与开发方面，以并行工程和团队工作方式为研究开发队伍的主要组织形式和工作方式，以"主查"负责制为领导方式，强调产品开发、设计、工艺、制造等不同部门之间的信息沟通和同时并行开发，这种并行开发还扩大至零部件供应厂家，充分利用它们的开发能力，以缩短开发周期，降低成本。

④ 在流通方面，与顾客及零售商、批发商建立一种长期的关系，使订货与工厂生产系统直接挂钩；极力减少流通环节的库存，以迅速、周到的服务最大限度地满足顾客的需要。

⑤ 在人力资源的利用上，形成一套劳资互惠的管理体制，并以 QC 小组、提案制度、团队工作方式、目标管理等一系列具体方法，调动和鼓励职工进行"创造性思考"的积极性，并注重培养和训练工人以及管理人员的多方面技能，由此提高职工的工作热情和工作兴趣。

⑥ 从管理观念上说，总是把现有的生产方式、管理方式看作是改善的对象，不断地追求进一步降低成本、降低费用、质量完善、缺陷为零、产品多样化等目标，追求尽善尽美。

总而言之，这是一种资源节约型、劳动节约型的生产方式。推行精益生产管理模式，对于促进中国企业改革有非常重要的意义。对于制造型企业而言，在以下方面已经有无数的实践证明是取得成效的：库存大幅降低，生产周期减短，质量稳定提高，各种资源（能源、空间、材料、人力）等的使用效率提高，各种浪费减少，生产成本下降，企业利润增加。同时，员工士气、企业文化、领导力、生产技术都在实施中得到提升，最终增强了企业的竞争力。对于服务型企业而言，提升企业内部流程效率，做到对顾客需求的快速反应，可以缩短从顾客需求产生到实现的过程时间，大大提高了顾客满意度，从而稳定和不断扩展市场占有率。

项目七

综合加工实例

学习目标

- 能对铣削外轮廓、内轮廓、孔进行编程，合理安排加工工艺；
- 掌握数控加工中心加工典型外轮廓、键槽和孔的编程方法和加工技术；

 工作任务 <<<<

任务一　中级工考核件编程加工

一、加工工艺设计

1. 加工图样

矩形内腔零件如图 7-1 所示，毛坯外形各基准面已加工完毕，已经形成精毛坯。要求完成零件内腔的粗、精加工，零件材料为 45 钢。

2. 加工方案确定

本工序加工内容为内腔底面和内壁。内腔的 4 个角都为圆角，圆角的半径限定了刀具的半径选择，圆角的半径大于或等于精加工刀具的半径。图中圆角半径 R 为 10mm，粗加工刀具选用 $\phi20$mm 的键槽铣刀，精加工选用 $\phi16$mm 的立铣刀。

粗加工为 Z 字形走刀，从槽的左下角下

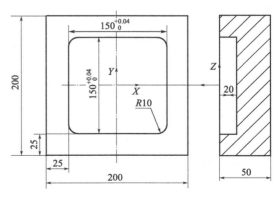

图 7-1　矩形内腔零件图

刀，沿 X 方向切削。设置精加工余量 $S=0.2\text{mm}$，半精加工余量 $C=0.4\text{mm}$，根据前面公式确定粗加工刀间距个数 $N=8$（来回走刀 9 次），刀间距为 16.1mm。

半精加工从粗加工的最后刀具位置开始，沿轮廓逆时针加工矩形槽侧壁。

精加工采用圆弧切入，逆时针加工（顺铣）。

由于槽比较深，粗、精加工采用分层铣削，每次铣削深度为 10mm。精加工一次直接铣削到深度。

零件加工采用平口钳装夹，由于加工内腔，所以不存在刀具干涉问题，只要保证对刀面高于钳口即可。

3. 装夹方案确定

本工序采用平口钳装夹，由于加工内腔，所以不存在刀具干涉问题，只要保证对刀面高于钳口即可。

4. 确定刀具

加工该零件，需用到中心钻、麻花钻、扩孔钻、铰刀、丝锥和锪钻等。所选刀具及参数见表 7-1。

表 7-1　刀具及参数

单位		数控加工刀具卡	产品名称				零件图号	
			零件名称				程序编号	
序号	刀具号	刀具名称	刀具/mm		补偿值/mm		刀补号	
			直径	长度	半径	长度	半径	长度
1	T01	键槽铣刀	$\phi20$					
2	T02	立铣刀	$\phi16$		8		D02	

5. 确定加工工艺

加工工艺见表 7-2。

表 7-2　加工工艺

单位		数控加工工序卡		产品名称	零件名称	材料	零件图号
工序号		程序编号	夹具名称	夹具编号	设备名称	编制	审核
工步号		工步内容	刀具号	刀具规格/mm	主轴转速 /r·min^{-1}	进给速度 /mm·min^{-1}	背吃刀量 /mm
1		粗加工内腔内壁	T01	$\phi20$ 键槽铣刀	400	200	
2		半精加工内腔内壁			500	160	
3		精加工内腔内壁	T02	$\phi16$ 立铣刀	600	120	

二、编写程序和加工

在零件中心建立工件坐标系，Z 轴原点设在零件上表面上。

粗加工程序（$\phi20\text{mm}$ 键槽刀）如下。

```
O0010;                              主程序名
N10 G17 G21 G40 G54 G80 G90 G94 ;   程序初始化
```

```
N20 G00 Z80. 0;                       刀具定位到安全平面
N30 M03 S400;                         启动主轴
N40 X-64. 4 Y-64. 4;                  移动到下刀点
N50 Z5. 0;
N60 G01 Z-10. 0 F50;                  下刀至—10mm 深
N70 M98 P0011;                        调用子程序
N80 G90 X-64. 4 Y-64. 4 S400;         移动到下刀点
N90 Z-20 F50;                         下刀至—20mm 深
N100 M98 P0011;                       调用子程序
N110 G90 G00 Z200. 0;                 快速抬刀
N120 X200. 0 Y200. 0;
N130 M05;                             主轴停止
N140 M30;                             程序结束
```

分层铣削子程序如下。

```
O0011;                                子程序名
N10 G91 ;                             增量坐标
N20 G01 X128. 8 F200;                 第 1 次切削
N30 Y16. 1;                           间距 1
N40 X-128. 8;                         第 2 次切削
N50 Y16. 1;                           间距 2
N60 X128. 8;                          第 3 次切削
N70 Y16. 1;                           间距 3
N80 X-128. 8;                         第 4 次切削
N90 Y16. 1;                           间距 4
N100 X128. 8;                         第 5 次切削
N110 Y16. 1;                          间距 5
N120 X-128. 8;                        第 6 次切削
N130 Y16. 1;                          间距 6
N140 X128. 8;                         第 7 次切削
N150 Y16. 1;                          间距 7
N160 X-128. 8;                        第 8 次切削
N170 Y16. 1;                          间距 8
N160 X128. 8;                         第 9 次切削
N170 M03 S500;                        改变半精加工转速
N180 X0. 4 F160;                      半精加工起点 X 坐标
N190 Y0. 4;                           半精加工起点 Y 坐标
N200 X-129. 6;                        —X 方向运动
N210 Y-129. 6;                        —Y 方向运动
N220 X129. 6;                         ＋X 方向运动
N230 Y129. 6;                         ＋Y 方向运动
N240 M99;                             子程序结束
```

精加工程序（ϕ16mm 立铣刀）如下。

```
O0020;                                程序名
N10 G17 G21 G40 G54 G80 G90 G94 ;     程序初始化
N20 G00 Z80. 0;                       刀具定位到安全平面
```

```
N30 M03 S600;                      启动主轴
N40 X0 Y-59.0;                     移动到下刀点
N50 Z5.0;
N60 G01 Z-20.0 F80;                下刀至—20mm深
N70 G41 X-16 D02 F120;             建立刀补
N80 G03 X0 Y-75.0 R16.0;           切向切入
N90 G01 X65.0;                     开始精加工
N100 G03 X75.0 Y-65 R10.0;
N110 G01 Y65.0;
N120 G03 X65.0 Y75.0 R10.0;
N130 G01 X-65.0;
N140 G03 X-75.0 Y65.0 R10.0;
N150 G01 Y-65.0;
N160 G03 X-65.0 Y-75.0 R10.0;
N170 G01 X0;
N180 G03 X16.0 Y-59.0 R16.0;       切向切出
N190 G01 G40 X0;                   取消刀补
N200 G00 Z200.0;                   快速抬刀
N210 X200.0 Y200.0;
N220 M05;                          主轴停止
N230 M30;                          程序结束
```

任务二　高级工考核件编程加工

一、加工工艺设计

1. 加工图样分析

如图 7-2 所示，按单件生产安排腰形槽底板数控铣削工艺，编写加工程序。毛坯尺寸为 (100 ± 0.027) mm× (80 ± 0.023) mm×20mm；长度方向侧面对宽度侧面及底面的垂直度公差为 0.03；零件材料为 45 钢，表面粗糙度 Ra 为 $3.2\mu m$。

2. 加工方案确定

该零件包含了外形轮廓、圆形槽、腰形槽和孔的加工，有较高的尺寸精度和垂直度、对称度等形位精度要求。编程前必须详细分析零件的各部分加工方法及走刀路线，选择合理的装夹方案和加工刀具，保证零件的加工精度要求。

外形轮廓中的 50 和 60.73 两个尺寸的上偏差都为零，可不必将其转变为对称公差，直接通过调整刀补来达到公差要求；$3\times\phi10$ 孔尺寸精度和表面质量要求较高，并对 C 面有较高的垂直度要求，需要铰削加工，并注意以 C 面为定位基准；$\phi42$ 圆形槽有较高的对称度要求，对刀时 X、Y 方向应采用寻边器碰双边，准确找到零件中心。零件的加工过程如下。

① 外轮廓的粗、精铣削（批量生产时，粗、精加工刀具要分开，本项目因是单件加工，采用同一把刀具加工），粗加工单边留 0.2mm 余量；

② 加工 $3\times\phi10$ 孔和垂直进刀工艺孔；

③ 圆形槽粗、精铣削采用同一把刀具进行；

④ 腰形槽粗、精铣削采用同一把刀具进行。

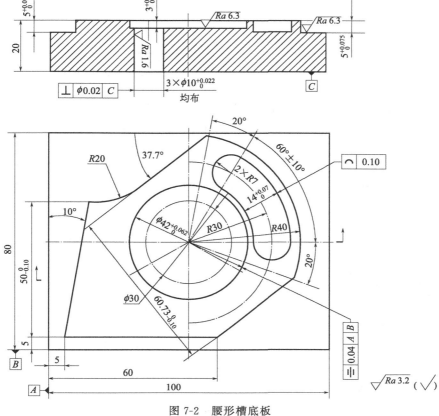

图 7-2 腰形槽底板

3. 装夹方案确定

采用平口虎钳装夹零件，零件上表面高出钳口 8mm 左右。装夹时，注意校正固定钳口的平行度以及零件上表面的平行度，确保精度要求。

4. 确定刀具

加工该零件，需用到中心钻、麻花钻、扩孔钻、铰刀、丝锥和锪钻等。所选刀具及参数见表 7-3。

表 7-3 刀具及参数

单位		数控加工刀具卡	产品名称			零件图号	
			零件名称			程序编号	
序号	刀具号	刀具名称	刀具/mm		补偿值/mm		刀补号	
			直径	长度	半径	长度	半径	长度
1	T01	立铣刀	ϕ20		10.2(粗)/9.96(精)		D01	
2	T02	中心钻	ϕ3					
3	T03	麻花钻	ϕ9.7					
4	T04	铰刀	ϕ10					
5	T05	立铣刀	ϕ16		8.2(半精)/7.98(精)		D05	
6	T06	立铣刀	ϕ12		6.1(半精)/5.98(精)		D06	

5. 确定加工工艺

加工工艺见表 7-4。

表 7-4　加工工艺

单位	数控加工工序卡		产品名称	零件名称	材料	零件图号
工序号	程序编号	夹具名称	夹具编号	设备名称	编制	审核
工步号	工步内容	刀具号	刀具规格 /mm	主轴转速 /r·min	进给速度 mm·min^{-1}	背吃刀量 /mm
1	去除轮廓边角料	T01	ϕ20 立铣刀	400	80	
2	粗铣外轮廓	T01	ϕ20 立铣刀	500	100	
3	精铣外轮廓	T01	ϕ20 立铣刀	700	80	
4	钻中心孔	T02	ϕ3 中心钻	2000	80	
5	钻 3×ϕ10 底孔和垂直进刀工艺孔	T03	ϕ9.7 麻花钻	600	80	
6	铰 2×ϕ10H7 孔	T04	ϕ10 铰刀	200	50	
7	粗铣圆形槽	T05	ϕ16 立铣刀	500	80	
8	半精铣圆形槽	T05	ϕ16 立铣刀	500	80	
9	精铣圆形槽	T05	ϕ16 立铣刀	750	60	
10	粗铣腰形槽	T06	ϕ12 立铣刀	600	80	
11	半精铣腰形槽	T06	ϕ12 立铣刀	600	80	
12	精铣腰形槽	T06	ϕ12 立铣刀	800	60	

二、编写程序和加工

编程时，在零件中心建立零件坐标系，Z 轴原点设在零件上表面。

① 加工外轮廓。安装 ϕ20mm 立铣刀（T01）并对刀，程序（FANUC 系统）如下。

```
O0001;
N10 G17 G21 G40 G54 G80 G90 G94;        程序初始化
N20 G00 Z50.0 M07;                      刀具定位到安全平面,启动主轴
N30 M03 S400;
N40 X-65.0 Y32.0;                       去除轮廓边角料
N50 Z-5.0;
N60 G01 X-24.0 F80;
N70 Y55.0;
N80 G00 Z50.0;
N90 X40.0 Y55.0;
N100 Z-5.0;
N110 G01 Y35.0;
N120 X52.0;
N130 Y-32.0;
N140 X40.0;
N150 Y-55.0
```

N160 G00 Z50.0 M09;
N170 M05;
N180 M30;　　　　　　　　　　　　　　程序结束

② 粗、精加工外轮廓。如图 7-3 所示，各计算节点坐标见表 7-5。

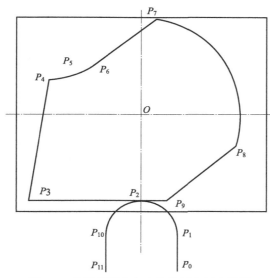

图 7-3　外形轮廓各点坐标及切入切出路线

表 7-5　轮廓节点坐标

点	坐标	点	坐标	点	坐标	点	坐标
P_0	(15,−65)	P_3	(−45,−35)	P_6	(−19.214,19.176)	P_9	(10,−35)
P_1	(15,−50)	P_4	(−36.184,15)	P_7	(6.944,39.393)	P_{10}	(−15,−50)
P_2	(0,−35)	P_5	(−31.444,15)	P_8	(37.589,−13.677)	P_{11}	(−15,−65)

　　刀具由 P_0 点下刀，通过 P_0、P_1 直线建立左刀补，沿圆弧 P_1、P_2 切向切入，走完轮廓后由圆弧 P_2、P_{10} 切向切出，通过直线 P_{10}、P_{11} 取消刀补。粗、精加工采用同一程序，通过设置刀补值控制加工余量以达到尺寸要求。外形轮廓粗、精加工程序（FANUC 系统）如下（程序中切削参数为粗加工参数）。

O0002;
N10 G17 G21 G40 G54 G80 G90 G94;　　程序初始化
N20 G00 Z50.0 M07;　　　　　　　　　刀具定位到安全平面,启动主轴
N30 M03 S500;　　　　　　　　　　　精加工时设为 500 r/min
N40 G00 X15.0 Y-65.0;　　　　　　　达到 P_0 点
N50 Z-5.0;　　　　　　　　　　　　下刀
N60 G01 G41 Y-50.0 D01 F100;　　　建立刀补,粗加工时刀补设为 10.2mm,精加工时刀补设为
　　　　　　　　　　　　　　　　　9.95mm(具体可根据实测尺寸调整);精加工时 F 为
　　　　　　　　　　　　　　　　　80mm/min
N70 G03 X0.0 Y-35.0 R15.0;　　　　切向切入
N80 G01 X-45.0 Y-35.0;　　　　　　铣削外形轮廓
N90 X36.184 Y15.0;
N100 X-31.444 ;

```
N110 G03 X-19.214 Y19.176 R20.0;
N120 G01 X6.944 Y39.393;
N130 G02 X37.589 Y-13.677 R40.0;
N140 G01 X10.0 Y-35;
N150 X0;
N160 G03 X-15.0 Y-50.0 R15;          切向切出
N170 G01 G40 Y-65.0;                 取消刀补
N180 G00 Z50.0 M09
N190 M05;
N230 M30;                            程序结束
```

③ 加工 $3×\phi10$ 孔和垂直进刀工艺孔。首先安装中心钻（T02）并对刀，孔加工程序（FANUC 系统）如下。

```
O0003;
N10 G17 G21 G40 G54 G80 G90 G94 ;            程序初始化
N20 G00 Z50.0 M07;                           刀具定位到安全平面,启动主轴
N30 M03 S2000;
N40 G99 G81 X12.99 Y-7.5 R5.0 Z-5.0 F80;     钻中心孔,深度以钻出锥面为好
N50 X-12.99;
N60 X0.0 Y15.0;
N70 Y0.0;
N80 X30.0;
N100 G00 Z180.0 M09;                         刀具抬到手工换刀高度
N105 X150 Y150;                              移到手工换刀位置
N110 M05;
N120 M00;
N130 M03 S600;
N140 G00 Z50.0 M07;                          刀具定位到安全平面
N150 G99 G83 X12.99 Y-7.5 R5.0 Z-24.0 Q-4.0 F80;   钻 3×φ10 和垂直进刀工艺孔
N160 X-12.99;
N170 X0.0 Y15.0;
N180 G81 Y0.0 R5.0 Z-2.9;
N190 X30.0 Z-4.9;
N200 G00 Z180.0 M09;                         刀具抬到手工换刀高度
N210 X150 Y150;                              移到手工换刀位置
N220 M05;
N230 M00;                                    暂停,换 T04 刀,换转速
N240 M03 S200;
N250 G00 Z50.0 M07;                          刀具定位到安全平面
N260 G99 G85 X12.99 Y-7.5 R5.0 Z-24.0 Q-4.0 F80;   铰 3×φ10 孔
N270 X-12.99;
N280 G98 X0.0 Y15.0;
N290 M05;
N300 M30;                                    程序结束
```

④ 加工圆形槽。安装 $\phi16mm$ 立铣刀（T05）并对刀，程序（FANUC 系统）如下。

```
O0004;                                       粗铣圆形槽
```

```
N10 G17 G21 G40 G54 G80 G90 G94;        程序初始化
N20 G00 Z50. 0 M07;                     刀具定位到安全平面,启动主轴
N30 M03 S500;
N40 X0. 0 Y0. 0;
N50 Z10. 0;
N60 G01 Z-3. 0 F40;                     下刀
N70 X5. 0 F80;                          去除圆形槽中材料
N80 G03 I-5. 0;
N90 G01 X12. 0;
N100 G03 I-12. 0;
N110 G00 Z50 M09;
N120 M05;
N130 M30;                               程序结束
```

半精、精加工采用同一程序,通过设置刀补值控制加工余量和达到尺寸要求。程序
(FANUC 系统,程序中切削参数为半精加工参数) 如下。

```
O0005;                                  半精、精铣圆形槽边界
N10 G17 G21 G40 G54 G80 G90 G94;        程序初始化
N20 G00 Z50. 0 M07;                     刀具定位到安全平面,启动主轴
N30 M03 S600;                           精加工时设为 600 r/min
N40 X0. 0 Y0. 0;
N50 Z10. 0;
N60 G01 Z-3. 0 F40;                     下刀
N70 G41 X-15. 0 Y-6. 0 D05 F80;         建立刀补,半精加工时刀补设为 8.2mm,精加工时刀补设为
                                        7.98mm(可根据实测尺寸调整);精加工时 F 为 60mm/min
N80 G03 X0. 0 Y-21. 0 R15. 0;           切向切入
N90 G03 J21. 0;                         铣削圆形槽边界
N100 G03 X15. 0 Y-6. 0 R15. 0;          切向切出
N110 G01 G40 X0. 0 Y0. 0;               取消刀补
N120 G00 Z50 M09;
N130 M05;
N140 M30;                               程序结束
```

⑤ 粗铣削腰形槽。安装 φ12mm 立铣刀 (T06 并对刀),程序 (FANUC 系统) 如下。

```
O0006;                                  粗铣腰形槽
N10 G17 G21 G40 G54 G80 G90 G94;        程序初始化
N20 G00 Z50. 0 M07;                     刀具定位到安全平面,启动主轴
N30 M03 S600;
N40 X30. 0 Y0. 0;                       到达预钻孔上方
N50 Z10. 0;
N60 G01 Z-5. 0 F40;                     下刀
N70 G03 X15. 0 Y25. 981 R30. 0 F80;     粗铣腰形槽
N80 G00 Z50 M09;
N90 M05;
N100 M30;                               程序结束
```

⑥ 半精、精铣腰形槽。如图 7-4 所示,腰形槽各计算节点坐标见表 7-6。

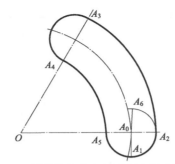

图 7-4　腰形槽各点坐标及切入切出路线

表 7-6　腰形槽节点坐标

点	坐标	点	坐标	点	坐标	点	坐标
A_0	(30,0)	A_2	(37,0)	A_4	(11.5,19.919)	A_6	(30.5,6.5)
A_1	(30.5,−6.5)	A_3	(18.5,32.043)	A_5	(23,0)		

　　半精、精加工采用同一程序，通过设置刀补值控制加工余量来达到尺寸要求。程序（FANUC 系统，程序中切削参数为半精加工参数）如下。

```
O0007;
N10 G17 G21 G40 G54 G80 G90 G94;        程序初始化
N20 G00 Z50.0 M07;                      刀具定位到安全平面,启动主轴
N30 M03 S600;                           精加工时设为 600r/min
N40 X30.0 Y0.0;
N50 Z10.0;
N60 G01 Z-3.0 F40;                      下刀
N70 G41 X30.5 Y-6.5 D06 F80;            建立刀补,半精加工时刀补设为 6.1mm,精加工时刀补设为
                                        5.98mm(可根据实测尺寸调整);精加工时 F 为 60mm/min
N80 G03 X37.0 Y0.0 R6.5;                切向切入
N90 G03 X18.5 Y32.043 R37.0;            铣削腰形槽边界
N100 X11.5 Y19.919 R7.0 ;
N110 G02 X23.0 Y0 R23.0;
N120 G03 X37.0 R7.0;
N130 X30.5 Y6.5 R6.5;
N140 G01 G40 X30.0 Y0.0;                取消刀补
N150 G00 Z50 M09;
N160 M05;
N170 M30;                               程序结束
```

　　⑦ 注意事项。由于本任务零件加工比较复杂，操作过程中应注意以下几点。

　　• 铣削外形轮廓时，刀具应在零件外面下刀，注意避免刀具快速下刀时与零件发生碰撞。

　　• 使用立铣刀粗铣圆形槽和腰形槽时，应先在零件上钻工艺孔，避免立铣刀中心垂直切削零件。

　　• 精铣时刀具应切向切入和切出零件。在进行刀具半径补偿时，切入和切出圆弧半径应大于刀具半径补偿设定值。

　　• 精铣时应采用顺铣方式，以提高尺寸精度和表面质量。

　　• 铣削腰形槽的 R7 内圆弧时，注意调低刀具进给率。

课后练习 ◂◂◂

1. 编写图 7-5 所示零件加工工艺及程序。

2. 编写下图所示零件加工工艺及程序，毛坯为 80mm×80mm×19mm 长方块（80mm×80mm 四面及底面已加工），材料为 45 钢。

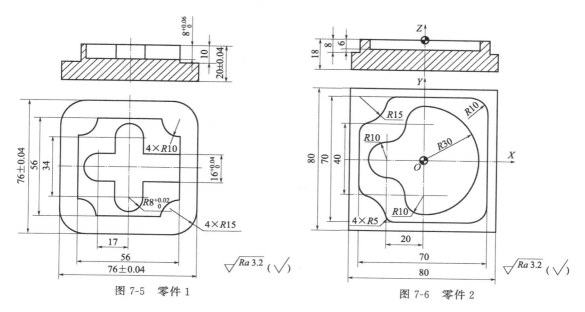

图 7-5　零件 1　　　　　　　　图 7-6　零件 2

3. 如图 7-7 所示，十字槽底板零件毛坯尺寸为 76mm×76mm×23mm，零件材料为 45 钢，单件生产，试编程加工该零件。

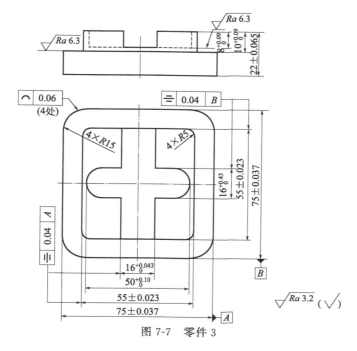

图 7-7　零件 3

4.如图 7-8 所示，箱体零件的材料为 45 钢，整个箱体由 10mm 钢板焊接而成。要求加工上、下两个面和镗 $2 \times \phi 20$ 孔。

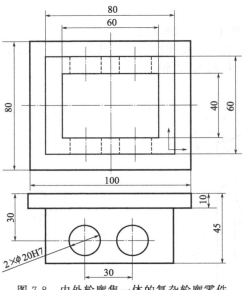

图 7-8　内外轮廓集一体的复杂轮廓零件

5.如图 7-9 所示，箱体零件的材料为 45 钢，毛坯尺寸为 100mm×80mm×20mm，六面均已加工。要求完成零件各表面和孔的加工。

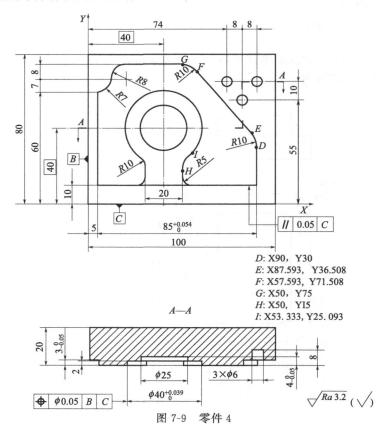

图 7-9　零件 4

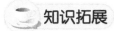 **知识拓展**

柔性制造系统简介

柔性制造系统（flexible manufacturing system，FMS）是由统一的信息控制系统、物料储运系统和一组数字控制加工设备组成，能适应加工对象变换的自动化机械制造系统。

一、发展历程

1967 年，英国莫林斯公司首次根据威廉森提出的 FMS 基本概念，研制了"系统 24"。其主要设备是六台模块化结构的多工序数控机床，目标是在无人看管条件下，实现昼夜 24 小时连续加工，但最终由于经济和技术上的困难而未全部建成。

1967 年，美国的怀特·森斯特兰公司建成 Omniline I 系统，它由八台加工中心和两台多轴钻床组成，工件被装在托盘上的夹具中，按固定顺序以一定节拍在各机床间传送和进行加工。这种柔性自动化设备适于少品种、大批量生产中使用，在形式上与传统的自动生产线相似，所以也叫柔性自动线。日本、苏联、德国等也都先后开展了 FMS 的研制工作。

1976 年，日本发那科公司展出了由加工中心和工业机器人组成的柔性制造单元（简称 FMC），为发展 FMS 提供了重要的设备形式。柔性制造单元（FMC）一般由 12 台数控机床与物料传送装置组成，有独立的工件储存站和单元控制系统，能在机床上自动装卸工件，甚至自动检测工件，可实现有限工序的连续生产，适于多品种小批量生产应用。

随着时间的推移，FMS 在技术上和数量上都有较大发展，实用阶段，以由 3～5 台设备组成的 FMS 为最多，但也有规模更庞大的系统投入使用。

1982 年，日本发那科公司建成自动化电机加工车间，由 60 个柔性制造单元（包括 50 个工业机器人）和一个立体仓库组成，另有两台自动引导台车传送毛坯和工件，此外还有一个无人化电机装配车间，它们都能连续 24 小时运转。

这种自动化和无人化车间，是向实现计算机集成的自动化工厂迈出的重要一步。与此同时，还出现了若干仅具有 FMS 基本特征，但自动化程度不很完善的经济型 FMS，使 FMS 的设计思想和技术成就得到普及应用。

二、工艺基础

FMS 的工艺基础是成组技术，它按照成组的加工对象确定工艺过程，选择相适应的数控加工设备和工件、工具等物料的储运系统，并由计算机进行控制，故能自动调整并实现一定范围内多种工件的成批高效生产（即具有"柔性"），并能及时地改变产品以满足市场需求。

FMS 兼有加工制造和部分生产管理两种功能，因此能综合地提高生产效益。FMS 的工艺范围正在不断扩大，可以包括毛坯制造、机械加工、装配和质量检验等。投入使用的 FMS，大都用于切削加工，也有用于冲压和焊接的。

三、系统组成

加工设备主要采用加工中心和数控车床，前者用于加工箱体类和板类零件，后者则用于加工轴类和盘类零件。中、大批量少品种生产中所用的 FMS，常采用可更换主轴箱的加工中心，以获得更高的生产效率。

四、储存和搬运

储存和搬运系统搬运的物料有毛坯、工件、刀具、夹具、检具和切屑等；储存物料的方法有平面布置的托盘库，也有储存量较大的桁道式立体仓库。

毛坯一般先由工人装入托盘上的夹具中，并储存在自动仓库中的特定区域内，然后由自动搬运系统根据物料管理计算机的指令送到指定的工位。固定轨道式台车和传送滚道适用于按工艺顺序排列设备的 FMS，自动引导台车搬送物料的顺序则与设备排列位置无关，具有较大灵活性。

工业机器人可在有限的范围内为 1～4 台机床输送和装卸工件，对于较大的工件常利用托盘自动交换装置（简称 APC）来传送，也可采用在轨道上行走的机器人，同时完成工件的传送和装卸。

磨损了的刀具可以逐个从刀库中取出更换，也可由备用的子刀库取代装满待换刀具的刀库。车床卡盘的卡爪、特种夹具和专用加工中心的主轴箱也可以自动更换。切屑运送和处理系统是保证 FMS 连续正常工作的必要条件，一般根据切屑的形状、排除量和处理要求来选择经济的结构方案。

五、信息控制

FMS 信息控制系统的结构组成形式很多，但一般多采用群控方式的递阶系统。第一级为各个工艺设备的计算机数控装置（CNC），实现各的口工过程的控制；第二级为群控计算机，负责把来自第三级计算机的生产计划和数控指令等信息，分配给第一级中有关设备的数控装置，同时把它们的运转状况信息上报给上级计算机；第三级是 FMS 的主计算机（控制计算机），其功能是制订生产作业计划，实施 FMS 运行状态的管理，及各种数据的管理；第四级是全厂的管理计算机。

性能完善的软件是实现 FMS 功能的基础，除支持计算机工作的系统软件外，数量更多的是根据使用要求和用户经验所发展的专门应用软件，大体上包括控制软件（控制机床、物料储运系统、检验装置和监视系统）、计划管理软件（调度管理、质量管理、库存管理、工装管理等）和数据管理软件（仿真、检索和各种数据库）等。

附 录

附录一 数控铣工国家职业标准

1. 职业概况

1.1 职业名称

数控铣工。

1.2 职业定义

从事编制数控加工程序并操作数控铣床进行零件铣削加工的人员。

1.3 职业等级

本职业共设四个等级，分别为：中级（国家职业资格四级）、高级（国家职业资格三级）、技师（国家职业资格二级）、高级技师（国家职业资格一级）。

1.4 职业环境

室内、常温。

1.5 职业能力特征

具有较强的计算能力和空间感，形体知觉及色觉正常，手指、手臂灵活，动作协调。

1.6 基本文化程度

高中毕业（或同等学力）。

1.7 培训要求

1.7.1 培训期限

全日制职业学校教育，根据其培养目标和教学计划确定。晋级培训期限：中级不少于400标准学时；高级不少于300标准学时；技师不少于300标准学时；高级技师不少于300标准学时。

1.7.2 培训教师

培训中、高级人员的教师应取得本职业技师及以上职业资格证书或相关专业中级及以上专业技术职称任职资格；培训技师的教师应取得本职业高级技师职业资格证书或相关专业高级专业技术职称任职资格；培训高级技师的教师应取得本职业高级技师职业资格证书 2 年以上或取得相关专业高级专业技术职称任职资格 2 年以上。

1.7.3 培训场地设备

满足教学要求的标准教室、计算机机房及配套的软件、数控铣床及必要的刀具、夹具、量具和辅助设备等。

1.8 鉴定要求

1.8.1 适用对象

从事或准备从事本职业的人员。

1.8.2 申报条件

——中级：（具备以下条件之一者）

(1) 经本职业中级正规培训达规定标准学时数，并取得结业证书。

(2) 连续从事本职业工作 5 年以上。

(3) 取得经劳动保障行政部门审核认定的，以中级技能为培养目标的中等以上职业学校本职业（或相关专业）毕业证书。

(4) 取得相关职业中级《职业资格证书》后，连续从事本职业 2 年以上。

——高级：（具备以下条件之一者）

(1) 取得本职业中级职业资格证书后，连续从事本职业工作 2 年以上，经本职业高级正规培训，达到规定标准学时数，并取得结业证书。

(2) 取得本职业中级职业资格证书后，连续从事本职业工作 4 年以上。

(3) 取得劳动保障行政部门审核认定的，以高级技能为培养目标的职业学校本职业（或相关专业）毕业证书。

(4) 大专以上本专业或相关专业毕业生，经本职业高级正规培训，达到规定标准学时数，并取得结业证书。

——技师：（具备以下条件之一者）

(1) 取得本职业高级职业资格证书后，连续从事本职业工作 4 年以上，经本职业技师正规培训达规定标准学时数，并取得结业证书。

(2) 取得本职业高级职业资格证书的职业学校本职业（专业）毕业生，连续从事本职业工作 2 年以上，经本职业技师正规培训达规定标准学时数，并取得结业证书。

(3) 取得本职业高级职业资格证书的本科（含本科）以上本专业或相关专业的毕业生，连续从事本职业工作 2 年以上，经本职业技师正规培训达规定标准学时数，并取得结业证书。

——高级技师：

取得本职业技师职业资格证书后，连续从事本职业工作 4 年以上，经本职业高级技师正规培训达规定标准学时数，并取得结业证书。

1.8.3 鉴定方式

分为理论知识考试和技能操作考核。理论知识考试采用闭卷方式，技能操作（含软件应用）考核采用现场实际操作和计算机软件操作方式。理论知识考试和技能操作（含软件应用）考核均实行百分制，成绩皆达 60 分及以上者为合格。技师和高级技师还需进行综合评审。

1.8.4 考评人员与考生配比

理论知识考试考评人员与考生配比为 1∶15，每个标准教室不少于 2 名相应级别的考评员；技能操作（含软件应用）考核考评员与考生配比为 1∶2，且不少于 3 名相应级别的考评员；综合评审委员不少于 5 人。

1.8.5 鉴定时间

理论知识考试为 120min，技能操作考核中实操时间为：中级、高级不少于 240min，技师和高级技师不少于 300min，技能操作考核中软件应用考试时间为不超过 120min，技师和高级技师的综合评审时间不少于 45min。

1.8.6 鉴定场所设备

理论知识考试在标准教室里进行，软件应用考试在计算机机房进行，技能操作考核在配备必要的数控铣床及必要的刀具、夹具、量具和辅助设备的场所进行。

2. 基本要求

2.1 职业道德

2.1.1 职业道德基本知识

2.1.2 职业守则

（1）遵守国家法律、法规和有关规定；

（2）具有高度的责任心、爱岗敬业、团结合作；

（3）严格执行相关标准、工作程序与规范、工艺文件和安全操作规程；

（4）学习新知识新技能、勇于开拓和创新；

（5）爱护设备、系统及工具、夹具、量具；

（6）着装整洁，符合规定；保持工作环境清洁有序，文明生产。

2.2 基础知识

2.2.1 基础理论知识

（1）机械制图

（2）工程材料及金属热处理知识

（3）机电控制知识

（4）计算机基础知识

（5）专业英语基础

2.2.2 机械加工基础知识

（1）机械原理

（2）常用设备知识（分类、用途、基本结构及维护保养方法）

（3）常用金属切削刀具知识

（4）典型零件加工工艺

（5）设备润滑和冷却液的使用方法

（6）工具、夹具、量具的使用与维护知识

（7）铣工、镗工基本操作知识

2.2.3 安全文明生产与环境保护知识

（1）安全操作与劳动保护知识

（2）文明生产知识

（3）环境保护知识

2.2.4 质量管理知识

（1）企业的质量方针

（2）岗位质量要求

（3）岗位质量保证措施与责任

2.2.5 相关法律、法规知识

（1）劳动法的相关知识

（2）环境保护法的相关知识

（3）知识产权保护法的相关知识

3. 工作要求

本标准对中级、高级、技师和高级技师的技能要求依次递进，高级别涵盖低级别的要求。

3.1 中级

职业功能	工作内容	技能要求	相关知识
一、加工准备	（一）读图与绘图	1. 能读懂中等复杂程度（如：凸轮、壳体、板状、支架）的零件图 2. 能绘制有沟槽、台阶、斜面、曲面的简单零件图 3. 能读懂分度头尾架、弹簧夹头套筒、可转位铣刀结构等简单机构装配图	1. 复杂零件的表达方法 2. 简单零件图的画法 3. 零件三视图、局部视图和剖视图的画法
	（二）制定加工工艺	1. 能读懂复杂零件的铣削加工工艺文件 2. 能编制由直线、圆弧等构成的二维轮廓零件的铣削加工工艺文件	1. 数控加工工艺知识 2. 数控加工工艺文件的制定方法
	（三）零件定位与装夹	1. 能使用铣削加工常用夹具（如压板、虎钳、平口钳等）装夹零件 2. 能够选择定位基准，并找正零件	1. 常用夹具的使用方法 2. 定位与夹紧的原理和方法 3. 零件找正的方法
	（四）刀具准备	1. 能够根据数控加工工艺文件选择、安装和调整数控铣床常用刀具 2. 能根据数控铣床特性、零件材料、加工精度、工作效率等选择刀具和刀具几何参数，并确定数控加工需要的切削参数和切削用量 3. 能够利用数控铣床的功能，借助通用量具或对刀仪测量刀具的半径及长度 4. 能选择、安装和使用刀柄 5. 能够刃磨常用刀具	1. 金属切削与刀具磨损知识 2. 数控铣床常用刀具的种类、结构、材料和特点 3. 数控铣床、零件材料、加工精度和工作效率对刀具的要求 4. 刀具长度补偿、半径补偿等刀具参数的设置知识 5. 刀柄的分类和使用方法 6. 刀具刃磨的方法
二、数控编程	（一）手工编程	1. 能编制由直线、圆弧组成的二维轮廓数控加工程序 2. 能够运用固定循环、子程序进行零件的加工程序编制	1. 数控编程知识 2. 直线插补和圆弧插补的原理 3. 节点的计算方法
	（二）计算机辅助编程	1. 能够使用 CAD/CAM 软件绘制简单零件图 2. 能够利用 CAD/CAM 软件完成简单平面轮廓的铣削程序	1. CAD/CAM 软件的使用方法 2. 平面轮廓的绘图与加工代码生成方法
三、数控铣床操作	（一）操作面板	1. 能够按照操作规程启动及停止机床 2. 能使用操作面板上的常用功能键（如回零、手动、MDI、修调等）	1. 数控铣床操作说明书 2. 数控铣床操作面板的使用方法
	（二）程序输入与编辑	1. 能够通过各种途径（如 DNC、网络）输入加工程序 2. 能够通过操作面板输入和编辑加工程序	1. 数控加工程序的输入方法 2. 数控加工程序的编辑方法
	（三）对刀	1. 能进行对刀并确定相关坐标系 2. 能设置刀具参数	1. 对刀的方法 2. 坐标系的知识 3. 建立刀具参数表或文件的方法
	（四）程序调试与运行	能够进行程序检验、单步执行、空运行并完成零件试切	程序调试的方法
	（五）参数设置	能够通过操作面板输入有关参数	数控系统中相关参数的输入方法

续表

职业功能	工作内容	技能要求	相关知识
四、零件加工	(一)平面加工	能够运用数控加工程序进行平面、垂直面、斜面、阶梯面等的铣削加工,并达到如下要求: (1)尺寸公差等级达 IT7 级 (2)形位公差等级达 IT8 级 (3)表面粗糙度 Ra 达 $3.2\mu m$	1.平面铣削的基本知识 2.刀具端刃的切削特点
	(二)轮廓加工	能够运用数控加工程序进行由直线、圆弧组成的平面轮廓铣削加工,并达到如下要求: (1)尺寸公差等级达 IT8 (2)形位公差等级达 IT8 级 (3)表面粗糙度 Ra 达 $3.2\mu m$	1.平面轮廓铣削的基本知识 2.刀具侧刃的切削特点
	(三)曲面加工	能够运用数控加工程序进行圆锥面、圆柱面等简单曲面的铣削加工,并达到如下要求: (1)尺寸公差等级达 IT8 (2)形位公差等级达 IT8 级 (3)表面粗糙度 Ra 达 $3.2\mu m$	1.曲面铣削的基本知识 2.球头刀具的切削特点
	(四)孔类加工	能够运用数控加工程序进行孔加工,并达到如下要求: (1)尺寸公差等级达 IT7 (2)形位公差等级达 IT8 级 (3)表面粗糙度 Ra 达 $3.2\mu m$	麻花钻、扩孔钻、丝锥、镗刀及铰刀的加工方法
	(五)槽类加工	能够运用数控加工程序进行槽、键槽的加工,并达到如下要求: (1)尺寸公差等级达 IT8 (2)形位公差等级达 IT8 级 (3)表面粗糙度 Ra 达 $3.2\mu m$	槽、键槽的加工方法
	(六)精度检验	能够使用常用量具进行零件的精度检验	1.常用量具的使用方法 2.零件精度检验及测量方法
五、维护与故障诊断	(一)机床日常维护	能够根据说明书完成数控铣床的定期及不定期维护保养,包括:机械、电、气、液压、数控系统检查和日常保养等	1.数控铣床说明书 2.数控铣床日常保养方法 3.数控铣床操作规程 4.数控系统(进口、国产数控系统)说明书
	(二)机床故障诊断	1.能读懂数控系统的报警信息 2.能发现数控铣床的一般故障	1.数控系统的报警信息 2.机床的故障诊断方法
	(三)机床精度检查	能进行机床水平的检查	1.水平仪的使用方法 2.机床垫铁的调整方法

3.2 高级

职业功能	工作内容	技能要求	相关知识
一、加工准备	(一)读图与绘图	1.能读懂装配图并拆画零件图 2.能够测绘零件 3.能读懂数控铣床主轴系统、进给系统的机构装配图	1.根据装配图拆画零件图的方法 2.零件的测绘方法 3.数控铣床主轴与进给系统基本构造知识

职业功能	工作内容	技能要求	相关知识
一、加工准备	（二）制定加工工艺	能编制二维、简单三维曲面零件的铣削加工工艺文件	复杂零件数控加工工艺的制定
	（三）零件定位与装夹	1. 能选择和使用组合夹具和专用夹具 2. 能选择和使用专用夹具装夹异形零件 3. 能分析并计算夹具的定位误差 4. 能够设计与自制装夹辅具（如轴套、定位件等）	1. 数控铣床组合夹具和专用夹具的使用、调整方法 2. 专用夹具的使用方法 3. 夹具定位误差的分析与计算方法 4. 装夹辅具的设计与制造方法
	（四）刀具准备	1. 能够选用专用工具（刀具和其他） 2. 能够根据难加工材料的特点，选择刀具的材料、结构和几何参数	1. 专用刀具的种类、用途、特点和刃磨方法 2. 切削难加工材料时的刀具材料和几何参数的确定方法
二、数控编程	（一）手工编程	1. 能够编制较复杂的二维轮廓铣削程序 2. 能够根据加工要求编制二次曲面的铣削程序 3. 能够运用固定循环、子程序进行零件的加工程序编制 4. 能够进行变量编程	1. 较复杂二维节点的计算方法 2. 二次曲面几何体外轮廓节点计算 3. 固定循环和子程序的编程方法 4. 变量编程的规则和方法
	（二）计算机辅助编程	1. 能够利用 CAD/CAM 软件进行中等复杂程度的实体造型（含曲面造型） 2. 能够生成平面轮廓、平面区域、三维曲面、曲面轮廓、曲面区域、曲线的刀具轨迹 3. 能进行刀具参数的设定 4. 能进行加工参数的设置 5. 能确定刀具的切入切出位置与轨迹 6. 能够编辑刀具轨迹 7. 能够根据不同的数控系统生成 G 代码	1. 实体造型的方法 2. 曲面造型的方法 3. 刀具参数的设置方法 4. 刀具轨迹生成的方法 5. 各种材料切削用量的数据 6. 有关刀具切入切出的方法对加工质量影响的知识 7. 轨迹编辑的方法 8. 后置处理程序的设置和使用方法
	（三）数控加工仿真	能利用数控加工仿真软件实施加工过程仿真、加工代码检查与干涉检查	数控加工仿真软件的使用方法
三、数控铣床操作	（一）程序调试与运行	能够在机床中断加工后正确恢复加工	程序的中断与恢复加工的方法
	（二）参数设置	能够依据零件特点设置相关参数进行加工	数控系统参数设置方法
四、零件加工	（一）平面铣削	能够编制数控加工程序铣削平面、垂直面、斜面、阶梯面等，并达到如下要求： (1)尺寸公差等级达 IT7 (2)形位公差等级达 IT8 级 (3)表面粗糙度达 $Ra\,3.2\mu m$	1. 平面铣削精度控制方法 2. 刀具端刃几何形状的选择方法
	（二）轮廓加工	能够编制数控加工程序铣削较复杂的（如凸轮等）平面轮廓，并达到如下要求： (1)尺寸公差等级达 IT8 (2)形位公差等级达 IT8 级 (3)表面粗糙度达 $Ra\,3.2\mu m$	1. 平面轮廓铣削的精度控制方法 2. 刀具侧刃几何形状的选择方法
	（三）曲面加工	能够编制数控加工程序铣削二次曲面，并达到如下要求： (1)尺寸公差等级达 IT8 (2)形位公差等级达 IT8 级 (3)表面粗糙度达 $Ra\,3.2\mu m$	1. 二次曲面的计算方法 2. 刀具影响曲面加工精度的因素以及控制方法

职业功能	工作内容	技能要求	相关知识
四、零件加工	(四)孔系加工	能够编制数控加工程序对孔系进行切削加工,并达到如下要求: (1)尺寸公差等级达 IT7 (2)形位公差等级达 IT8 级 (3)表面粗糙度达 $Ra3.2\mu m$	麻花钻、扩孔钻、丝锥、镗刀及铰刀的加工方法
	(五)深槽加工	能够编制数控加工程序进行深槽、三维槽的加工,并达到如下要求: (1)尺寸公差等级达 IT8 (2)形位公差等级达 IT8 级 (3)表面粗糙度达 $Ra3.2\mu m$	深槽、三维槽的加工方法
	(六)配合件加工	能够编制数控加工程序进行配合件加工,尺寸配合公差等级达 IT8	1.配合件的加工方法 2.尺寸链换算的方法
	(七)精度检验	1.能够利用数控系统的功能使用百(千)分表测量零件的精度 2.能对复杂、异形零件进行精度检验 3.能够根据测量结果分析产生误差的原因 4.能够通过修正刀具补偿值和修正程序来减少加工误差	1.复杂、异形零件的精度检验方法 2.产生加工误差的主要原因及其消除方法
五、维护与故障诊断	(一)日常维护	能完成数控铣床的定期维护	数控铣床定期维护手册
	(二)故障诊断	能排除数控铣床的常见机械故障	机床的常见机械故障诊断方法
	(三)机床精度检验	能协助检验机床的各种出厂精度	机床精度的基本知识

3.3　技师

职业功能	工作内容	技能要求	相关知识
一、加工准备	(一)读图与绘图	1.能绘制工装装配图 2.能读懂常用数控铣床的机械原理图及装配图	1.工装装配图的画法 2.常用数控铣床的机械原理图及装配图的画法
	(二)制定加工工艺	1.能编制高难度、精密、薄壁零件的数控加工工艺规程 2.能对零件的多工种数控加工工艺进行合理性分析,并提出改进建议 3.能够确定高速加工的工艺文件	1.精密零件的工艺分析方法 2.数控加工多工种工艺方案合理性的分析方法及改进措施 3.高速加工的原理
	(三)零件定位与装夹	1.能设计与制作高精度箱体类零件以及叶片、螺旋桨等复杂零件的专用夹具 2.能对现有的数控铣床夹具进行误差分析并提出改进建议	1.专用夹具的设计与制造方法 2.数控铣床夹具的误差分析及消减方法
	(四)刀具准备	1.能够依据切削条件和刀具条件估算刀具的使用寿命,并设置相关参数 2.能根据难加工材料合理选择刀具材料和切削参数 3.能推广使用新知识、新技术、新工艺、新材料、新型刀具 4.能进行刀具刀柄的优化使用,提高生产效率,降低成本 5.能选择和使用适合高速切削的工具系统	1.切削刀具的选用原则 2.延长刀具寿命的方法 3.刀具新材料、新技术知识 4.刀具使用寿命的参数设定方法 5.难切削材料的加工方法 6.高速加工的工具系统知识

职业功能	工作内容	技能要求	相关知识
二、数控编程	（一）手工编程	能够根据零件与加工要求编制具有指导性的变量编程程序	变量编程的概念及其编制方法
	（二）计算机辅助编程	1.能够利用计算机高级语言编制特殊曲线轮廓的铣削程序 2.能够利用计算机 CAD/CAM 软件对复杂零件进行实体或曲线曲面造型 3.能够编制复杂零件的三轴联动铣削程序	1.计算机高级语言知识 2.CAD/CAM 软件的使用方法 3.三轴联动的加工方法
	（三）数控加工仿真	能够利用数控加工仿真软件分析和优化数控加工工艺	数控加工工艺的优化方法
三、数控铣床操作	（一）程序调试与运行	能够操作立式、卧式以及高速铣床	立式、卧式以及高速铣床的操作方法
	（二）参数设置	能够针对机床现状调整数控系统相关参数	数控系统参数的调整方法
四、零件加工	（一）特殊材料加工	能够进行特殊材料零件的铣削加工,并达到如下要求： (1)尺寸公差等级达 IT8 (2)形位公差等级达 IT8 级 (3)表面粗糙度达 $Ra3.2\mu m$	1.特殊材料的材料学知识 2.特殊材料零件的铣削加工方法
	（二）薄壁加工	能够进行带有薄壁的零件加工,并达到如下要求： (1)尺寸公差等级达 IT8 (2)形位公差等级达 IT8 级 (3)表面粗糙度达 $Ra3.2\mu m$	薄壁零件的铣削方法
	（三）曲面加工	1.能进行三轴联动曲面的加工,并达到如下要求： (1)尺寸公差等级达 IT8 (2)形位公差等级达 IT8 级 (3)表面粗糙度达 $Ra3.2\mu m$ 2.能够使用四轴以上铣床与加工中心对叶片、螺旋桨等复杂零件进行多轴铣削加工,并达到如下要求： (1)尺寸公差等级达 IT8 (2)形位公差等级达 IT8 级 (3)表面粗糙度达 $Ra3.2\mu m$	1.三轴联动曲面的加工方法 2.四轴以上铣床/加工中心的使用方法
	（四）易变形件加工	能进行易变形零件的加工,并达到如下要求： (1)尺寸公差等级达 IT8 (2)形位公差等级达 IT8 级 (3)表面粗糙度达 $Ra3.2\mu m$	易变形零件的加工方法
	（五）精度检验	能够进行大型、精密零件的精度检验	1.精密量具的使用方法 2.精密零件的精度检验方法
五、维护与故障诊断	（一）机床日常维护	能借助词典阅读数控设备的主要外文信息	数控铣床专业外文知识
	（二）机床故障诊断	能够分析、排除液压和机械故障	数控铣床常见故障诊断及排除方法
	（三）机床精度检验	能够进行机床定位精度、重复定位精度的检验	机床定位精度检验、重复定位精度检验的内容及方法

职业功能	工作内容	技能要求	相关知识
六、培训与管理	（一）操作指导	能指导本职业中级、高级人员进行实际操作	操作指导书的编制方法
	（二）理论培训	能对本职业中级、高级人员进行理论培训	培训教材的编写方法
	（三）质量管理	能在本职工作中认真贯彻各项质量标准	相关质量标准
	（四）生产管理	能协助部门领导进行生产计划、调度及人员的管理	生产管理基本知识
	（五）技术改造与创新	能够进行加工工艺、夹具、刀具的改进	数控加工工艺综合知识

3.4　高级技师

职业功能	工作内容	技能要求	相关知识
一、工艺分析与设计	（一）读图与绘图	1.能绘制复杂工装装配图 2.能读懂常用数控铣床的电气、液压原理图 3.能够组织中级、高级、技师进行工装协同设计	1.复杂工装设计方法 2.常用数控铣床电气、液压原理图的画法 3.协同设计知识
	（二）制定加工工艺	1.能对高难度、高精密零件的数控加工工艺方案进行合理性分析，提出改进意见并参与实施 2.能够确定高速加工的工艺方案 3.能够确定细微加工的工艺方案	1.复杂、精密零件机械加工工艺的系统知识 2.高速加工机床的知识 3.高速加工的工艺知识 4.细微加工的工艺知识
	（三）工艺装备	1.能独立设计复杂夹具 2.能在四轴和五轴数控加工中对由夹具精度引起的零件加工误差进行分析，提出改进方案，并组织实施	1.复杂夹具的设计及使用知识 2.复杂夹具的误差分析及消减方法 3.多轴数控加工的方法
	（四）刀具准备	1.能根据零件要求设计专用刀具，并提出制造方法 2.能系统地讲授各种切削刀具的特点和使用方法	1.专用刀具的设计与制造知识 2.切削刀具的特点和使用方法
二、零件加工	（一）异形零件加工	能解决高难度、异形零件加工的技术问题，并制定工艺措施	高难度零件的加工方法
	（二）精度检验	能够设计专用检具，检验高难度、异形零件	检具设计知识
三、机床维护与精度检验	（一）数控铣床维护	1.能借助词典看懂数控设备的主要外文技术资料 2.能够针对机床运行现状合理调整数控系统相关参数	数控铣床专业外文知识
	（二）机床精度检验	能够进行机床定位精度、重复定位精度的检验	机床定位精度、重复定位精度的检验和补偿方法
	（三）数控设备网络化	能够借助网络设备和软件系统实现数控设备的网络化管理	数控设备网络接口及相关技术
四、培训与管理	（一）操作指导	能指导本职业中级、高级人员和技师进行实际操作	操作理论教学指导书的编写方法

续表

职业功能	工作内容	技能要求	相关知识
四、培训与管理	（二）理论培训	1.能对本职业中级、高级人员和技师进行理论培训 2.能系统地讲授各种切削刀具的特点和使用方法	1.教学计划与大纲的编制方法 2.切削刀具的特点和使用方法
	（三）质量管理	能应用全面质量管理知识，实现操作过程的质量分析与控制	质量分析与控制方法
	（四）技术改造与创新	能够组织实施技术改造和创新，并撰写相应的论文	科技论文的撰写方法

4. 比重表

4.1 理论知识

项目		中级/%	高级/%	技师/%	高级技师/%
基本要求	职业道德	5	5	5	5
	基础知识	20	20	15	15
相关知识	加工准备	15	15	25	—
	数控编程	20	20	10	—
	数控铣床操作	5	5	5	—
	零件加工	30	30	20	15
	数控铣床维护与精度检验	5	5	10	10
	培训与管理	—	—	10	15
	工艺分析与设计	—	—	—	40
合计		100	100	100	100

4.2 技能操作

项目		中级/%	高级/%	技师/%	高级技师/%
技能要求	加工准备	10	10	10	—
	数控编程	30	30	30	—
	数控铣床操作	5	5	5	—
	零件加工	50	50	45	45
	数控铣床维护与精度检验	5	5	5	10
	培训与管理	—	—	5	10
	工艺分析与设计	—	—	—	35
合计		100	100	100	100

附录二　加工中心操作工国家职业标准

1. 职业概况

1.1　职业名称
加工中心操作工。

1.2　职业定义
操作加工中心机床，进行工件多工序组合切削加工的人员。

1.3　职业等级
本职业共设四个等级，分别为中级（国家职业资格四级）、高级（国家职业资格三级）、技师（国家职业资格二级）、高级技师（国家职业资格一级）。

1.4　职业环境
室内、常温。

1.5　职业能力特征
具有较强的计算能力和空间感、形体知觉及色觉，手指、手臂灵活，动作协调。

1.6　基本文化程度
高中毕业（含同等学力）。

1.7　培训要求

1.7.1　培训期限

全日制职业学校教育，根据其培养目标和教学计划确定。晋级培训期限：中级不少于400标准学时；高级不少于400标准学时；技师不少于350标准学时；高级技师不少于350标准学时。

1.7.2　培训教师

基础理论课教师应具备本科及本科以上学历，具有一定的教学经验；培训中级人员的教师必须具备本职业高级以上的职业资格证书；培训高级或技师人员的教师必须具备相关专业讲师以上教师资格或本职业高级技师职业资格证书；培训高级技师的教师必须具备相关专业高级讲师（副教授）以上资格或其他相应的职业资格证书。

1.7.3　培训场地设备

满足教学需要的标准教室，加工中心机床及完成加工所需的工件、刀具、夹具、量具和机床辅助设备等。

1.8　鉴定要求

1.8.1　适用对象
从事和准备从事本职业的人员。

1.8.2　申报条件

——中级（具备以下条件之一者）

（1）取得相关职业（工种）❶初级职业资格证书后，连续从事相关职业3年以上，经本职业正规培训达规定的标准学时数，并取得毕（结）业证书。

（2）取得相关职业（工种）中级职业资格证书后，且连续从事相关职业1年以上，经本职业中级正规培训达规定的标准学时数，并取得毕（结）业证书。

---

❶　相关职业（工种）指车工、铣工、镗工。

（3）取得中等职业学校数控机床专业或大专以上（含大专）相关专业毕业证书。

——高级（具备以下条件之一者）

（1）取得本职业中级职业资格证书后，连续从事本职业4年以上，经本职业高级正规培训达规定的标准学时数，并取得毕（结）业证书。

（2）取得本职业中级职业资格证书后，连续从事本职业工作7年以上。

（3）取得高级技工学校或经劳动保障行政部门审核认定，以高级技能为培养目标的高等职业学校本专业毕业证书。

（4）具有相关专业大专学历，并取得本职业中级职业资格证书后，连续从事本职业工作2年以上。

——技师（具备以下条件之一者）

（1）取得本职业高级职业资格证书后，连续从事本职业工作5年以上，经本职业技师正规培训达规定的标准学时数，并取得毕（结）业证书。

（2）取得本职业高级职业资格证书后，连续从事本职业工作8年以上。

（3）大学本科相关专业或高级技工学校本专业毕业且具有本职业高级职业资格证书，连续从事本职业工作2年以上。

——高级技师（具备以下条件之一者）

（1）取得本职业技师职业资格证书后，连续从事本职业工作3年以上，经本职业高级技师正规培训达规定标准学时数，并取得毕（结）业证书。

（2）取得本职业技师职业资格证书后，连续从事本职业工作5年以上。

1.8.3　鉴定方式

分为理论知识考试和技能操作考核两部分。理论知识考试采用笔试，技能操作考核采用现场实际操作方式。两项考试均采用百分制，皆达到60分以上者为合格。技师和高级技师鉴定还须进行综合评审。

1.8.4　考评员和考生的配备

理论知识考核每标准考场配备两名监考人员；技能考试每台设备配备两名监考人员；每次鉴定组成3～5人的考评小组。

1.8.5　鉴定时间

各等级理论知识考试时间为120min。各等级技能操作考核时间：中级不少于300min；高级不少于360min；技师不少于420min。

1.8.6　鉴定场所设备

理论知识考试在标准教室进行；鉴定设备为加工中心机床、工件、夹具、量具、刀具及机床附件等必备仪器设备。

2. 基本要求

2.1 职业道德

2.1.1　职业道德基本知识

2.1.2　职业守则

（1）爱岗敬业，忠于职守。

（2）努力钻研业务，刻苦学习，勤于思考，善于观察。

（3）工作认真负责，严于律己，吃苦耐劳。

（4）遵守操作规程，坚持安全生产。

（5）团结同志，互相帮助，主动配合。

（6）着装整洁，爱护设备，保持工作环境的清洁有序，做到文明生产。

2.2 基础知识

2.2.1 数控应用技术基础

（1）数控机床工作原理（组成结构、插补原理、控制原理、伺服系统）。

（2）编程方法（常用指令代码、程序格式、子程序、固定循环）。

2.2.2 安全卫生、文明生产

（1）安全操作规程。

（2）事故防范、应变措施及记录。

（3）环境保护（车间粉尘、噪声、强光、有害气体的防范）。

3. 工作要求

本标准对中级、高级、技师、高级技师的技能要求依次递进，高级别包括低级别的要求。

3.1 中级

职业功能	工作内容	技能要求	相关知识
一、工艺准备	（一）读图	1.能够读懂机械制图中的各种线型和标注尺寸 2.能够读懂标准件和常用件的表示法 3.能够读懂一般零件的三视图、局部视图和剖视图 4.能够读懂零件的材料、加工部位、尺寸公差及技术要求	1.机械制图国家标准 2.标准件和常用件的规定画法 3.零件三视图、局部视图和剖视图的表达方法 4.公差配合的基本概念 5.形状、位置公差与表面粗糙度的基本概念 6.金属材料的性质
	（二）编制简单加工工艺	1.能够制定简单的加工工艺 2.能够合理选择切削用量	1.加工工艺的基本概念 2.钻、铣、扩、铰、镗、攻螺纹等工艺特点 3.切削用量的选择原则 4.加工余量的选择方法
	（三）工件的定位和装夹	1.能够正确使用台钳、压板等通用夹具 2.能够正确选择工件的定位基准 3.能够用量表找正工件 4.能够正确夹紧工件	1.定位夹紧原理 2.台钳、压板等通用夹具的调整及使用方法 3.量表的使用方法
	（四）刀具准备	1.能够依据加工工艺卡选取工具 2.能够在主轴或刀库上正确装卸刀具 3.能够用刀具预调仪或在机内测量刀具的半径及长度 4.能够准确输入刀具有关参数	1.刀具的种类及用途 2.刀具系统的种类及结构 3.刀具预调仪的使用方法 4.自动换刀装置及刀库的使用方法 5.刀具长度补偿值、半径补偿值及刀号等参数的输入方法
二、编制程序	（一）编制孔类加工程序	1.能够手工编制钻、扩、铰（镗）等孔类加工程序 2.能够使用固定循环及子程序	1.常用数控指令（G代码、M代码）的含义 2.S指令、T指令和F指令的含义 3.数控指令的结构与格式 4.固定循环指令的含义 5.子程序的嵌套
	（二）编制二维轮廓程序	1.能够手工编制平面铣削程序 2.能够手工编制含直线插补、圆弧插补二维轮廓的加工程序	1.几何图形中直线与直线、直线与圆弧、圆弧与圆弧交点的计算方法 2.刀具半径补偿的作用

职业功能	工作内容	技能要求	相关知识
三、基本操作及日常维护	（一）日常维护	1.能够进行加工前电、气、液、开关等的常规检查 2.能够在加工完毕后，清理机床及周围环境	1.加工中心操作规程 2.日常保养的内容
	（二）基本操作	1.能够按照操作规程启动及停止机床 2.正确使用操作面板上的各种功能键 3.能够通过操作面板手动输入加工程序及有关参数 4.能够通过纸带阅读机、磁带机及计算机等输入加工程序 5.能够进行程序的编辑、修改 6.能够设定工件坐标系 7.能够正确调入调出所选刀具 8.能够正确进行机内对刀 9.能够进行程序单步运行、空运行 10.能够进行加工程序试切削并做出正确判断 11.能够正确使用交换工作台	1.加工中心机床操作手册 2.操作面板的使用方法 3.各种输入装置的使用方法 4.机床坐标系与工件坐标系的含义及其关系 5.相对坐标系、绝对坐标的含义 6.找正器（寻边器）的使用方法 7.机内对刀方法 8.程序试运行的操作方法
四、工件加工	（一）孔加工	能够对单孔进行钻、扩、铰切削加工	麻花钻、扩孔钻及铰刀的功用
	（二）平面铣削	能够铣削平面、垂直面、斜面、阶梯面等，尺寸公差等级达IT9，表面粗糙度 Ra 达 $6.3\mu m$	1.铣刀的种类及功用 2.加工精度的影响因素 3.常用金属材料的切削性能
	（三）平面内、外轮廓铣削	能够铣削二维直线、圆弧轮廓的工件，且尺寸公差等级达IT9，表面粗糙度 Ra 达 $6.3\mu m$	
	（四）运行给定程序	能够检查及运行给定的三维加工程序	1.三维坐标的概念 2.程序检查方法
五、精度检验	（一）内、外径检验	1.能够使用游标卡尺测量工件内、外径 2.能够使用内径百（千）分表测量工件内径 3.能够使用外径千分尺测量工件外径	1.游标卡尺的使用方法 2.内径百（千）分表的使用方法 3.外径千分尺的使用方法
	（二）长度检验	1.能够使用游标卡尺测量工件长度 2.能够使用外径千分尺测量工件长度	
	（三）深（高）度检验	能够使用游标卡尺或深（高）度尺测量深（高）度	1.深度尺的使用方法 2.高度尺的使用方法
	（四）角度检验	能够使用角度尺检验工件角度	角度尺的使用方法
	（五）机内检测	能够利用机床的位置显示功能自检工件的有关尺寸	机床坐标的位置显示功能

3.2 高级

职业功能	工作内容	技能要求	相关知识
一、工艺准备	（一）读图及绘图	1.能够读懂装配图 2.能够绘制零件图、轴测图及草图 3.能够读懂零件的展开图、局部视图、旋转视图	1.装配图的画法 2.零件图、轴测图的画法 3.零件展开图、局部视图等的画法

续表

职业功能	工作内容	技能要求	相关知识
一、工艺准备	（二）加工工艺制定	1.能够制定加工中心的加工工艺 2.能够填写加工中心程序卡	1.加工中心工艺的制定方法 2.影响机械加工精度的有关因素 3.加工余量的确定
	（三）工件的定位和装夹	1.能够合理选择组合夹具和专用夹具 2.能够正确安装调整夹具	1.组合夹具、专用夹具的特点及应用 2.夹具在交换工作台上的正确安装
	（四）选择刀具	能够依据加工需要选用适当种类、形状、材料的刀具	各种刀具的几何角度、功用及刀具材料的切削性能
二、编制程序	（一）编制二维半程序	1.能够编制较复杂的二维轮廓铣削程序 2.能够根据加工要求手工编制二维半铣削程序	1.较复杂二维节点的计算 2.球、锥、台等几何体外轮廓节点计算
	（二）使用用户宏程序	能够利用已有宏程序编制加工程序	用户宏程序的使用方法
三、机床维护	（一）常规维护	能够根据说明书内容完成机床定期及不定期维护保养	1.机床维护知识 2.液压油、润滑油的使用知识 3.液压、气动元件的结构及其工作原理
	（二）故障排除	能够阅读各类报警信息,排除编程错误、超程、欠压、缺油、急停等一般故障	各类报警提示内容及其解除方法
四、工件加工	（一）孔系加工	能够对孔系进行钻、扩、镗、铰等切削加工,尺寸精度公差达IT8,表面粗糙度达$Ra3.2\mu m$	1.镗刀种类及其应用 2.切削液的合理使用
	（二）攻螺纹加工	能够用丝锥加工螺纹孔	丝锥夹头的构造及使用
	（三）平面及轮廓铣削	1.能够有效利用刀具补偿进行铣削加工 2.能够铣削较复杂的平面轮廓,尺寸公差等级达IT8,表面粗糙度达$Ra3.2\mu m$	影响加工精度的因素及提高加工精度的措施
	（四）运行给定程序	能够读懂、检查并运行给定三维以上加工程序	三维以上坐标的概念
五、精度检验	精度检验及分析	1.能够根据测量结果分析产生加工误差的原因 2.能够通过修正刀具补偿值和修正程序来减少加工误差	1.工件精度检验项目及测量方法 2.产生加工误差的各种因素
六、培训指导	指导工作	1.能够指导加工中心中级操作工工作 2.能够协助培训中级加工中心操作工	

3.3 技师

职业功能	工作内容	技能要求	相关知识
一、工艺准备	（一）读图绘图	1.能够根据复杂装配图拆画零件图 2.能够绘制工装草图 3.能够测绘零件 4.能够用计算机绘图	1.零件的测绘方法 2.计算机辅助绘图方法

续表

职业功能	工作内容	技能要求	相关知识
一、工艺准备	（二）制定加工工艺	1.能够对零件的加工工艺方案进行合理分析 2.能够制定零件加工工艺规程	1.机械制造工艺知识 2.典型零件加工方法
	（三）夹具设计	1.能够设计专用夹具 2.能够制作简单夹具	夹具设计原理
	（四）刀具准备	1.能够依据切削条件估算刀具使用寿命 2.能够合理选用新型刀具 3.根据刀具寿命设置有关参数	1.刀具使用寿命的影响因素 2.刀具使用寿命参数的设定方法 3.刀具新材料、新技术知识
二、编制程序	（一）计算机辅助编程	1.能够利用计算机软件编制非圆曲线轮廓的铣削程序 2.能够利用计算机软件编制三维或三维以上铣削程序	1.计算机基础知识 2.CAD/CAM 软件的使用方法
	（二）编制宏程序	能够根据加工要求编制宏程序	宏程序的概念及其编制方法
三、机床维护	（一）机床精度的检验	1.能够进行机床几何精度检验 2.能够进行机床定位精度检验 3.能够进行机床切削精度检验 4.能够进行机床床身的水平调整	1.机床几何精度检验内容及方法 2.机床定位精度检验内容及方法 3.机床切削精度检验内容及方法 4.机床水平的调整方法
	（二）故障分析	能够分析气路、液路、电机及机械故障	1.液压、气动回路的工作原理 2.机床常用电器及电机 3.机械传动及常用机构
四、工件加工	（一）孔及孔系的镗削	1.能够镗削尺寸公差等级达 IT7,表面粗糙度达 $Ra1.6\mu m$ 的孔及孔系 2.能够完成孔的调头镗削	高精度孔的镗削方法及切削液的选用
	（二）平面及轮廓铣削	能够铣削各类平面及二维平面轮廓,尺寸公差等级达 IT8,表面粗糙度达 $Ra1.6\mu m$	影响工件表面质量的因素及提高工件表面质量的措施
	（三）三维曲面铣削	能够铣削三维曲面,且尺寸公差达 IT9,表面粗糙度达 $Ra1.6\mu m$	三维曲面的加工方法
五、精度检验	（一）精度检验	能够根据测量结果分析产生加工误差的主要原因,并提出改进措施	影响工件加工精度的主要因素
	（二）质量管理	能够进行产品抽样检验,建立质量管理图并进行统计分析	质量管理知识
六、培训指导	培训指导	1.能够指导中、高级人员操作工工作 2.能够讲授机械加工的专业知识 3.能够制定本职业各级操作工培训计划	1.生产实习教学方法 2.教育学的基本知识
七、管理工作	（一）生产管理	1.能够制定数控操作车间的规章制度 2.协助部门领导进行计划、调度及人员管理	生产管理知识
	（二）技术管理	1.能够贯彻执行本行业各项国家标准 2.能够提出工艺、工装、编程等方面的合理化建议	生产技术管理知识

3.4 高级技师

高级技师是本职业最高等级，该职业的技术随着现代科技的发展而不断提高。高级技师的标准待今后予以补充。

4. 比重表

4.1 理论知识

	项目	中级/%	高级/%	技师/%
基本要求	一、职业道德	5	5	5
	二、基础知识	25	15	10
相关知识	一、工艺准备	20	25	25
	二、编制程序	20	25	20
	三、机床维护	5	5	10
	四、工件加工	15	15	10
	五、精度检验	10	10	10
	六、培训指导	—	—	5
	七、管理工作	—	—	5
合计		100	100	100

4.2 技能操作

	项目	中级/%	高级/%	技师/%
技能要求	一、工艺准备	10	10	10
	二、编制程序	15	20	25
	三、机床维护	10	5	—
	四、工件加工	60	60	60
	五、精度检验	5	5	5
合计		100	100	100